ANALYSE

DES

FAMILLES DES PLANTES.

ANALYSE

DES

FAMILLES DES PLANTES,

AVEC L'INDICATION

DES PRINCIPAUX GENRES QUI S'Y RATTACHENT ;

Par B.-C. DUMORTIER.

TOURNAY,

IMPRIMERIE DE J. CASTERMAN, AÎNÉ.

1829.

Depuis l'époque de la publication de l'immortel ouvrage de Jussieu, le nombre des familles naturelles de Plantes s'est considérablement accru. Les genres que ce célèbre botaniste avait placés, soit dans ses *incertæ sedis*, soit à la suite de ses ordres, ont servi de type à beaucoup de familles nouvelles, et les découvertes des naturalistes voyageurs ont aussi contribué à étendre cette partie de la science. M. Rob. Brown, portant sur les plantes de l'Australie et du Congo ce coup d'œil philosophique qui le distingue si éminemment, a surtout créé un nombre considérable de familles nouvelles. De son côté, M. De Candolle, dont les nombreux travaux contribuent si puissamment à étendre le goût de la méthode naturelle, a porté la dernière main à une partie du monument qu'il élève à la science. Le 1.er vol. de son *Prodromus regni vegetabilis* contient la description d'une série non interrompue de 54 familles pour la classe des Thalamiflores seulement ; les 2.e et 3.e renferment 36 familles de Caliciflores. Or, dans cet état des choses, il est un point qui a frappé tous les esprits, c'est la difficulté de saisir, dans cette immense série, les caractères ordinaux d'une Plante quelconque, et de la rapporter à sa famille naturelle. Je me suis souvent demandé comment, sans une profonde connaissance des familles naturelles, il était possible de trouver le nom d'une Plante, et j'ai été forcé de reconnaître que, dans l'état actuel de la science, le botaniste se trouve dans un labyrinthe sans le fil d'Ariane.

La manière dont on traite les familles naturelles contribue beaucoup à ce résultat ; les descriptions des familles sont devenues tellement prolixes, qu'il est impossible d'y saisir le caractère distinctif. En second lieu, les classes ont été réduites sans mesure, et bientôt toute la classification se bornera aux trois grandes divisons du règne végétal. Enfin on a négligé de subdiviser dans chaque classe les familles d'après la subordination de leurs caractères. Le savant naturaliste de Genève avait tenté cette subdivision pour la classe de ses Thalamiflores, mais il paraît avoir depuis abandonné cette méthode si sage. M. Reichenbach a senti l'importance de ce point de vue. Dans le *Conspectus regni vegetabilis*, qu'il vient de publier, il divise le règne végétal en classes, ordres, formations, familles, tribus et genres, et souvent ses formations présentent des rapprochemens heureux, mais il est à regretter que ce savant ait négligé de donner les caractères de ses divisions, et je doute qu'il puisse le faire, car il a enregimenté ses familles de Plantes d'une manière si régulière, qu'il est peu probable que la nature se prête à de telles combinaisons.

Dans l'exposé des familles naturelles que je présente aujourd'hui, j'ai, autant que possible, rapporté les familles modernes aux ordres de Jussieu, de manière à grouper ces familles d'après leurs analogies. En cela j'ai suivi la marche tracée par Batsch dans son tableau des affinités du règne végétal. J'ai surtout cherché à mettre en relief les caractères des ordres et des familles en les présentant sous la forme la plus sommaire, et à les rendre analytiques, en écartant, autant que possible, tout ce qui se rapporte à l'intérieur de la graine. La classification est celle présentée dans mon *Prodromus*, qui, elle-même, n'est qu'une rectification de celle exposée dans mes *Commentationes*. Il m'a paru toutefois que des dénominations tirées du grec étaient préférables à des expressions latines, et qu'il était plus convenable de se servir du mode de l'adjectif qui rend mieux l'idée de fraternité des familles naturelles. J'ai aussi pris soin de tirer constamment le nom de la famille du génitif de celui qui lui sert de type, règle beaucoup trop négligée par les modernes.

Le système de classification d'après les tégumens floraux offre de grands avantages sur celui qui résulte de l'insertion des étamines. D'abord ces téguments constituant l'organe le plus vaste de la fleur, leur absence où leur insertion est toujours facile à voir. En outre leur emploi ne nécessite pas la considération de l'insertion médiate ou immédiate et ne présente pas les nombreuses anomalies qu'on reproche à juste titre à l'insertion des étamines. En effet, il n'est pas rare de voir l'insertion des étamines varier dans une famille ou dans un même genre. A l'exception des plantes polypétales, où elle paraît constante, l'insertion périgynique est surtout sujette à une foule d'aberrations ou de points d'incertitude, en sorte que trois classes de Jussieu, les Monocotylées, les Apétales et les Monopétales Périgynes reposent sur un caractère incertain. C'est ce qui a fait abandonner la considération de l'insertion par MM. De Candolle, Rob. Brown, Hooker, Lindley, Sweet, Spenner, Duby, etc., qui, afin de rendre la classification exempte d'exceptions, la réduisent à 6 ou 8 classes seulement. MM. Sprengel et Kunth vont plus loin : ils suppriment tout système, et n'admettent, comme Adanson, que des familles naturelles. Sans doute les familles seules sont naturelles, et le système qui les lie est purement artificiel, mais est-ce un motif pour supprimer le système ? je ne le pense pas ; car on tomberait alors dans un cahos inextricable.

Dans l'idée que je me forme du règne végétal, les groupes na-
turels des plantes sont les suivans :

PHANERANTHÆ...	ACTINANTHÆ S. CAULORHIZÆ.	1 JULIFERÆ.	
		2 APETALÆ.	
		3 MONOPETALÆ.	
		4 COMPOSITÆ.	
		5 POLYPETALÆ.	
	TRIADANTHÆ S. BLASTORHIZÆ.	6 EPHEMERACEÆ.	
		7 ORCHIDEÆ.	
		8 LILIACEÆ.	
		9 PALMÆ.	
		10 GLUMACEÆ.	
		11 SPADICANTHÆ.	
APHANANTHÆ.....	CRYPTANTHÆ S.NEMATORHIZÆ.	12 FILICES.	
		13 MUSCI.	
	ANANTHÆ S. ARHIZÆ...........	14 LICHENES.	
		15 FUNGI.	
		16 ALGÆ.	

Or il est impossible de classifier les plantes d'après ces groupes
dont les caractères seraient trop incertains pour servir de méthode
et certaines classes comprendraient trop de familles. On doit donc
recourir à un système réel qui multiplie les divisions et dont les
caractères soient nettement définis, et celui basé sur la corolle me
paraît réunir le plus de facilité et de certitude. Ce système a encore
l'avantage de présenter plus d'unité et de ne pas devoir recourir
à deux organes différents. En effet on peut diviser les plantes
d'après leurs fleurs en trois grandes coupes, savoir : 1.º Les
Actinanthées ou Pentadanthées qui ont la fleur composée typi-
quement de 5 ou quelquefois de 4 parties ; 2.º Les Triadanthées
dont la fleur est ternaire ; 3.º Les Aphananthées dont la fleur est
obscure ou incertaine ; et cette dernière coupe peut elle-même se
subdiviser en Cryptanthées et Ananthées. Or les Actinanthées
correspondent aux Endoxylées ou Corticales qui sont les Dicoty-
lédones de M. de Jussieu ; les Triadanthées correspondent aux
Exoxylées ou Décorticales qui sont les Monocotyledones de M. de
Jussieu et les Aphananthées comprennent les Cryptogames de
Linné ou les Acotyledones de Jussieu. C'est ce que j'ai cherché à
exposer dans le tableau ci-joint.

Il me reste à parler de l'emploi des caractères tirés de l'intérieur de la graine. On sait que ces caractères sont généralement

d'une extrême difficulté et causent le désespoir des personnes qui désirent étudier la botanique d'une manière commode et facile. Pour moi, je pense qu'on attache souvent trop d'importance à ces caractères et plus j'ai étudié les plantes, plus j'ai été convaincu qu'ils ne sont pas plus exempts d'exception que ceux tirés de la fleur, que souvent même les exceptions y sont bien plus fréquentes. Si l'on a présenté ces caractères comme indélébiles, c'est souvent, ou bien que l'on a borné l'examen à un petit nombre d'espèces et que l'on a trop généralisé, ou bien que l'on a fait de la science avec les livres et non avec les plantes. Ainsi, par exemple, tous les botanistes donnent comme caractère des Urticées un embryon courbé dans un albumen farineux; or, l'*Urtica* type de la famille, et le *Parieteria* ont l'embryon droit et axile; le *Cannabis*, l'embryon externe et entourant l'albumen; l'*Humulus*, l'embryon coquillé et sans albumen. Le caractère des Polygonées est d'avoir l'embryon courbé et périphérique; or l'embryon est droit et axile dans le *Rheum* et l'*Oxyria* ainsi que dans le *Fagopyrum* qui présente seulement les cotylédores plissés. Les Chenopodées ne présentent pas moins d'anomalies. Le caractère de cette famille est d'avoir l'embryon entourant un albumen farineux et la radicule inférieure; or l'embryon est à l'intérieur de l'albumen dans le *Salsola* et plusieurs genres voisins, la radicule est latérale dans le *Chenopodium*, le *Kochia*, le *Suœda*, le *Beta*, etc.; elle est centripète dans le *Phytolacca* et supère dans l'*Halymus*. Bien plus, l'*Atriplex* présente des fleurs fertiles de deux sortes, les unes hermaphrodites, les autres femelles; dans les premières la radicule est horizontale, tandis qu'elle est supère dans les secondes. Ces exemples que je pourrais multiplier, prouvent que l'on a beaucoup exagéré l'importance des caractères tirés de l'intérieur de la graine. Si ces caractères étaient aussi faciles à étudier que ceux tirés de la corolle, il y a longtemps que cette vérité serait reconnue. Il ne faut pas toutefois conclure de ce qui précède qu'ils doivent être répudiés; au contraire il est des cas où ils sont constans et d'une utilité réelle. Ce que doit faire le botaniste, c'est de ne les employer que faute de meilleurs caractères analytiques, et de les abandonner lorsque ceux-ci se présentent. C'est à quoi j'ai cherché à parvenir dans les diagnores que j'ai admis pour chaque ordre et chaque famille. Indépendamment des genres qui servent de type aux divisions, j'ai ajouté à chaque famille la nomenclature de tous les genres européens ou cultivés en Europe, afin de faciliter aux élèves l'étude de la méthode naturelle.

SYSTÈME NATUREL.

ENDOXYLÆ....	SEPALANTHÆ.....	1 JULOSEPALÆ......		ACTINANTHÆ.
		2 GYNOSEPALÆ......		
		3 TOROSEPALÆ......		
	CORONANTHÆ....	4 TOROCORONÆ.....		
		5 GYNOCORONÆ.....		
	PETALANTHÆ.....	6 GYNOPETALÆ......		
		7 CALYPETALÆ......		
		8 TOROPETALÆ......		
EXOXYLÆ......	TEPALANTHÆ.....	9 TOROTEPALÆ......		TRIADANTHÆ.
		10 CALYTEPALÆ......		
		11 GYNOTEPALÆ......		
	CHLAMYDANTHÆ.	12 GYNOCHLAMYDÆ..		
		13 TOROCHLAMYDÆ..		
	SPATHANTHÆ.....	14 ACHNOSPATHÆ....		
		15 SPADICATÆ........		
	CRYPTANTHÆ.....	16 DERMOGYNÆ.......		CRYPTANTHÆ.
		17 MITROGYNÆ.......		
AXYLÆ..........	DERMOSPORÆ....	18 PELTOSPORÆ		ANANTHÆ.
		19 MYCOSPORÆ.......		
	GLIOSPORÆ.......	20 COCCOSPORÆ......		
		21 THALLOSPORÆ....		

EXPOSÉ DES CARACTÈRES.

DIVISIONS.

1. ENDOXYLÆ. — Système ligneux recouvert par le système cortical.
2. EXOXYLÆ. — Système ligneux sans écorce et ainsi externe.
3. AXYLÆ. — Pas de système ligneux.

AUTRES DIVISIONS.

1. ACTINANTHÆ. — Fleur généralement quinaire ou quaternaire.
2. TRIADANTHÆ. — Fleur généralement ternaire.
3. APHANANTHÆ. — Fleurs cachées ou incertaines.

SOUS-DIVISIONS.

1. SEPALANTHÆ. — Enveloppe florale unique , sépaloïde.
2. CORONANTHÆ ou COROLLANTHÆ. — Enveloppe florale double, l'intérieure mono-
3. PETALANTHÆ. — Enveloppe florale double , l'intérieure polypétale. [pétale.
4. TEPALANTHÆ. — Enveloppe florale double , l'intérieure polytépale.
5. CHLAMYDANTHÆ. — Enveloppe florale unique liliacée.
6. SPATHANTHÆ. — Fleurs enveloppées dans une spathe ou membrane irrégulière.
7. CRYPTANTHÆ. — Fleurs cryptogamiques.
8. DERMOSPORÆ. — Sporules revêtues d'un derme.
9. GLIOSPORÆ. — Sporules revêtues d'une couche visqueuse au lieu de derme.

CLASSES.

1. JULOSEPALÆ. — Sépales remplacés par des écailles inserrées sur un chaton.
2. GYNOSEPALÆ. — Sépales inserrés sur l'ovaire.
3. TOROSEPALÆ. — Sépales inserrés sur le torus.
4. TOROCORONÆ ou TOROCOROLLÆ. — Corolle monopétale inserrée sur le torus.
5. GYNOCORONÆ ou GYNOCOROLLÆ. — Corolle monopétale inserrée sur l'ovaire.
6. GYNOPETALÆ. — Corolle polypétale inserrée sur l'ovaire.
7. CALYPETALÆ ou CALYCOPETALÆ. — Corolle polypétale inserrée sur le calice.
8. TOROPETALÆ. — Corolle polypétale inserrée sur le torus.
9. TOROTEPALÆ. — Corolle polytépale inserrée sur le torus.
10. CALYTEPALÆ ou CALYCOTEPALÆ. — Corolle polytépale inserrée sur le calice.
11. GYNOTEPALÆ. — Corolle polytépale inserrée sur l'ovaire.
12. GYNOCHLAMYDÆ. — Périgone inserré sur l'ovaire.
13. TOROCHLAMYDÆ. — Périgone inserré sur le torus.
14. ACHNOSPATHÆ. — Spathes glumacées.
15. SPADICATÆ ou SPADOSPATHÆ. — Spathes enveloppant un spadix.
16. DERMOGYNÆ. — Ovaires recouverts d'un derme.
17. MITROGYNÆ. — Ovaires recouverts d'une calyptre.
18. PELTOSPORÆ. — Sporules sur un écusson lichénoïde , viridescent.
19. MYCOSPORÆ. — Sporules sur un corps fongoïde , non viridescent.
20. COCCOSPORÆ. — Sporules enfermées dans des coques.
21. THALLOSPORÆ. — Thallus directement sporifère.

FAMILLES DES PLANTES.

Div. 1. ENDOXYLÆ.

Subdiv. 1. SEPALANTHÆ.

Class. 1. JULOSEPALÆ.

Fam. 1. CONIFERÆ. Prodr.

Trib. 1. Abietineæ. *Rich.* — Araucaria. Agathis. Cunninghamia. Larix. Cedrus. Pinus. Picea.

Trib. 2. Cupressineæ. *Rich.* — Taxodium. Cupressus. Callitris. Thuya.
Trib. 3. Junipereæ. *Pseudocarpe bacciforme.* — Juniperus.

Fam. 2. TAXINÉÆ. Prodr.

Trib. 1. Podocarpeæ. *Fleurs dressées.* — Podocarpus. Dacrydium.
Trib. 2. Phyllocladeæ. *Fleurs renversées.* — Phyllocladus. Taxus.
Gingko.

Fam. 3. EPHEDRACEÆ. Prodr.

Ephedra. Batis.

Fam. 4. CASUARINEÆ. Mirb.

Casuarina.

Fam. 5. PLATANEÆ. Lest.

Trib. 1. Genuineæ. *Style unique.* — Platanus.
Trib. 2. Liquidambeæ. 2 *Styles ; fr. polysperme.* — Liquidambar.
Trib. 3. Comptonieæ. 2 *Styles ; fr. monosperme.* — Comptonia.

Fam. 6. MYRICEÆ. — *Myricearum gen.* Rich.

Myrica. Gale.

Fam. 7. BETULACEÆ. — *Betulineæ.* Rich.

Betula. Alnus.

Fam. 8. SALICINEÆ. Rich.

Salix. Populus.

Fam. 9. QUERCINEÆ. — *Cupulacearum pars.*

Trib. 1. Corylaceæ. *Prodr.* — Corylus. Carpinus. Ostrya.
Trib. 2. Querceæ. *Prodr.* — Quercus.

Fam. 10. FAGINEÆ. — *Cupulacearum pars.*

Fagus. Castanea.

Fam. 11. JUGLANDINEÆ. — *Juglandeæ.* Dec.

Juglans. Carya.

CL. 2. GYNOSEPALÆ.

ANALYSE DES FAMILLES.

ORDO A. *Santalarieæ.* — Fruit monosperme; anthères fissiles.

Placentaire central ; périgone valvaire; radicule supère.   12 NYSSACEÆ.
Placentaire central ; périg. valvaire; radicule infère.   .   13 SANTALINEÆ.
Placent. nul ; périgone marginiforme , monandre.   .   .   14 HIPPURIDEÆ.
Placent. nul; périg. valvaire. . . . . ,   15 MYROBOLANÆ.

B. *Gyrocarparieæ.* — Fruit monosperme ; anthères à valves relevantes.

Etamines perigynes; cotyledons spirales. . . . . .   16 GYROCARPEÆ.

C. *Datiscarieæ.* — Fruit polysperme uniloculaire ; 3 styles bifides.

Placentaires pariétaux . . . .   17 DATISCACEÆ.

D. *Begonarieæ.* — Fruit polysperme pluriloculaire ; 3 styles bifides.

Placentaires axillaires . . , ...   18 BEGONIACEÆ.
E. *Aristolarieæ.* — Fruit polysperme pluriloculaire ; 1 stigmate pelté.

Anthères stipitées dressées; périgone persistant.   .   :   .   20 ASARINEÆ.
Anthères couchées sessiles; perigone caduque.   .   .   .   19 ARISTOLOCHIEÆ.
F. *Cytinarieæ.* — Fruit polysperme , uniloculaire ; Stigmate pelté.

Anthères couchées sessiles. . . . .   21 RAFFLESIACEÆ.
Anthères stipitées dressées . . . .   22 CYTINEÆ.

Fam. 12. NYSSACEÆ. — *Nysseæ.* Juss.

Nyssa.

Fam. 13. SANTALINEÆ. — *Santalaceæ.* R. Br.

Trib. 1. SANTALEÆ. *Embryon droit.* — Santalum. Fusanus. Leptomeria.
  Thesium. Comandra. Halmiltonia. Quinchamalium.
Trib. 2. OSIRIDYÆ. *Embryon oblique.* — Osyris.

Fam. 14. HIPPURIDEÆ. Link.

Hippuris.

Fam. 15. MYROBOLANEÆ. Juss.

Bucida. Myrobolanus. Terminalia. Agathisanthes. Pentaptera.

Fam. 16. GYROCARPEÆ.

Gyrocarpus.

Fam. 17. DATISCACEÆ. — *Datisceæ* R: Br.

Datisca. Tetrameles.

Fam. 18. BEGONIACEÆ. Bonpl.

Begonia.

Fam. 19. ARISTOLOCHIEÆ. — *Aristolochiarum pars.* Juss.

Aristolochia. Hocquartia. Bragantia. Munnickia.

Fam. 20. ASARINEÆ. — *Aristolochiarum pars.* Juss.

Asarum. Thottea.

FAM. 21. CYTINEÆ. — *Cytinearum pars.* R. Br.

Cytinus. Aphyteia.

Fam. 22. RAFFLESIACEÆ. — *Cytinearum pars.* R. Br.

Rafflesia. Rhizanthes. (Brugmausia Bl. nec. Pers.)

CL. 3. TOROSEPALÆ.

ANALYSE DES FAMILLES.

† ÉTAMINES A LA BASE DU PÉRIGONE.

ORDO A. *Nepentharieæ.* — Etamines adelphiques; ovaire 4 loculaire. Fruit déhiscent à 4 placentaires pariétaux médivalves. . 23 NEPENTHIDEÆ.

B. *Laurinarieæ.* — Etamines adelphiques; fruit simple monosperme. Etamines monadelphiques; anthères s'ouvrant par une valve relevante. . . . . 24 MYRISTICEÆ. Etam. monadelphiques; anthères s'ouvrant longitudinalement. 25 HERNANDIACEÆ. Etam. polyadelphiques; anthères s'ouvrant par une valve relevante. . . . . 26 LAURINEÆ.

C. *Callitricharieæ.* — Etam. libres; fruit 4 locul. partible. Fleurs disépales monandres digynes. . . . . 27 CALLITRICHINEÆ.

D. *Monimiarieæ.* — Etam. libres ou polyadelphiques; fruit multiple. Etam. polyadelphiques; anthères s'ouvrant de bas en haut par une valve. . . . . 28 ATHEROSPERMEÆ. Etam. libres; anthères s'ouvrant par un sillon longitudinal. 29 MONIMIEÆ.

E. *Ambrosarieæ.* — Etam. monadelphes ; fruit multiple.

Involucre femelle devenant ligneux. . . . . 30 Ambrosiaceæ.

F. *Ficarieæ.* — Etam. libres; fr. composé sur un involucre charnu.

Involucre monophylle . . . . 31 Ficineæ.

G. *Urticarieæ.* — Etam. libres ; fr. simple; perig. parenchymateux ; stipules
géminées.

Etam. définies ; fleurs naissant dans une spathe. . . . 32 Artocarpideæ.
Etam. definies; ovaire uniloculaire ; spathe O. . . . . 33 Urticaceæ.
Etam. définies; ovaire biloculaire; fr. drupacé ; spathe O. 34 Stilagineæ.
Etam. définies ; ovaire biloculaire ; fr. sec, ailé; spathe O. 35 Ulmideæ.
Etamines indéfinies . . . . 36 Theligoneæ.

H. *Anthobolarieæ.* — Etam. libres ; fr. simple ; perig. parenchymateux;
stipules O; préfl. valvaire.

Embryon droit inverse; radicule supère. . . . . . 37 Anthoboleæ.

H. *Chenopodarieæ.* — Etam. libres ; fr. simple ; perig. parenchymateux;
stip. O, préfl. imbriquée.

Fruit polysperme. . . . . 38 Phytolacceæ.
Fruit monosperme. . . . . 39 Chenopodiaceæ.

I. *Amarantharieæ.* — Etam. libres; fr. simple; perigone scarieux.

Toutes les étamines fertiles. . . . . 40 Amaranthideæ.
Etamines alternes stériles, sans anthères. . . . . . 41 Illecebrineæ.

J. *Polygonarieæ.* — Etam. libres; fr. simple ; perigone parenchymateux ;
gaîne stipulaire.

Périgone monosépale, unisérié, préfloraison inbriquée. . 42 Polygoneæ.
Périgone polysépale bissérié ; préfloraison valvaire. . . 43 Rumiceæ.

†† Étamines au sommet du tube du périgone.

L. *Protearieæ.* — Gorge du tube du périg. non resserrée ; stipules O.

* Préfloraison valvaire.

Etam. sessiles au sommet des divisions du périgone. . . 44 Proteaceæ.

** Préfloraison imbriquée.

Fruit recouvert par le périgone devenu charnu. . . . 45 Elaeagnideæ.
Périgone non charnu ; ovaire uniloculaire, uniovulé. . 46 Thymelineæ.
Périgone non charnu ; ovaire biloculaire, fr. 1-2-sperme. 47 Aquilariaceæ.
Périgone non charnu ; ovaire quadriloculaire; capsule polys-
perme. 4 loc . . . . 48 Peneaceæ.

M. *Samydarieæ*. — Gorge du tube non resserrée; feuilles stipulées.
Fruit uniloculaire trivalve , à placentaires médivalves . . 49 SAMYDACEÆ.

N. *Sanguisorbarieæ*. — Gorge du tube resserrée par un cérome; des stipules.
Périgone fructifère pseudocarpique; fr. multiple. . . 50 SANGUISORBEÆ.

O. *Sclerantharieæ*. — Gorge du tube resserrée par un cérome ; stipules O.
Périgone fructifère lignifié; fr. simple, monosperme. . 51 SCLERANTHIDEÆ.

Fam. 23. NEPENTHIDEÆ. — *Cytinearum pars.* R. Br.

Nepenthes.

Fam. 24. MYRISTICEÆ. R: br.

Myristica. Knema. Virola.

Fam. 25. HERNANDIACEÆ. — *Hernandieæ.* Blume.

Hernandia. Inocarpus.

Fam. 26. LAURINEÆ. Juss.

Trib. 1. GENUINÆ. *Perig. sec.* — Laurus. Cinnamomum. Persea. Eudiandra. Litsea. Ocotea.
Trib. 2. CASSYTHACEÆ. *Perig. devenant succulent.* — Cryptocarya. Cassytha.

Fam. 27. CALLITRICHINEÆ. Link.

Callitriche.

Fam. 28. ATHEROSPERMEÆ. R. Br.

Atherosperma. Citrosma. Laurelia.

Fam. 29. MONIMIACEÆ. — *Monimieæ.*Juss.

Monimia. Ambora. Ruizia.

Fam. 30. AMBROSIACEÆ.— *Synanthereæ ambrosieæ.* Auct.

Xanthium. Franseria. Ambrosia.

Fam. 31. FICINEÆ. — *Ficineæ* Prodr.

Trib. 1. FICEÆ. *Involucre clos par des écailles.* — Ficus.
Trib. 2. DORSTENIEÆ. *Involucre étalé.* — Dorstenia.
Trib. 3. ANTHIARIDEÆ. *Involucre femelle uniflore.* — Anthiaris.

Fam. 32. ARTOCARPIDEÆ. — *Urticearum pars*. Juss.

Trib. 1. ARTOCARPEÆ. *Cotyledons irréguliers*. — Artocarpus. Peribea. Pourouma.
Trib. 2. CECROPIEÆ. *Cotyledons réguliers*. — Cecropia. Coussapoa.

Fam. 33. URTICACEÆ. — *Urticearum pars*. Juss.

Trib. 1. MORIDEÆ. *Perigone drupacé*. — Morus. Broussonetia.
Trib. 2. URTICEÆ. *Prodr.* — Urtica. Parietaria. Bohmeria. Forskahlea.
Trib. 3. CANNABINEÆ. *Prodr.* — Cannabis.
Trib. 4. HUMULINEÆ. *fr. en cone*. — Humulus.
Trib. 5 CELTIDEÆ. *Prodr.* — Celtis. Momisia. (Mertensia Humb).

Fam. 34. STILAGINEÆ. — *Antidesmeæ*. Sw.
Stilago. Antidesma.

Fam. 35. ULMIDEÆ. — *Ulmacearum pars*. Lois.
Ulmus. Planera.

Fam. 36. THELIGONEÆ. — *Urticearum pars*. Juss.
Theligonum.

Fam. 37. ANTHOBOLEÆ. — *Santalaceis aff*. R. Br.
Exocarpos. Anthobolus.

Fam. 38. PHYTOLACCEÆ. — *Phytolaccearum pars*. R. Br.
Phytolacca. Galenia.

Fam. 39: CHENOPODIACEÆ. — *Chenopodeæ et Phytolaccearum pars*. R. Br.

Trib. 1. RIVINIACEÆ. *fr. drupacé*. — Rivinia. Salvadora. Bosæa. Rhagodia.
Trib. 2. ATRIPLICEÆ. *Fl. diclines dissemblables*. — Atriplex. Obione. Halimus. Spinacia. Diotis. Axyris.
Trib. 3. CHENOPODEÆ. *Fl. uniformes non involucrées*. — Beta. Anredera. Enchylæna. Blitum. Anserina, Chenopodium. Petiveria. Ceratocarpus.
Trib. 4 SALSOLEÆ. *Prodr.* — Suæda. Chelona. Kochia. Cornulaca. Anabasis. Basella. Salsola. Polycnemum. Hemichroa. Acnida. Camphorosma. Corispermum.
Trib. 5. ERIOGONEÆ. *Plusieurs fl. dans un involucre*. — Eriogonum.
Trib. 6. SALICORNIEÆ. *Prodr.* — Salicornia.

Fam. 40. AMARANTHIDEÆ. — *Amaranthaceæ*. R. Br.

Trib. 1. AMARANTHEÆ. — Amaranthus. Trichinium. Ptilothus. Celosia. Deeringia. Ærua. Cladostachys.

3

Trib. 2. Gomphreneæ. — Gomphrena. Philoxerus. Alternanthera. Achyranthes. Nyssanthes. Iresine.

Fam. 41. ILLECEBRINEÆ. — *Illecebreæ*. R. Br.

Illecebrum. Paronychia. Herniaria. Gymnocarpum. Anychia.

Fam. 42. POLYGONEÆ. — *Polygoneæ persicaricæ*. Prodr.

Trib. 1. Coccolobeæ. *Fl. terminée en pédoncule.* — Bilderdykia. Coccoloba. Brunnichia. Triplaris.

Trib. 2. Persicarieæ. *Fl. sessile sur le pédoncule.* — Polygonum. Fagopyrum. Koenigia. Calligonum.

Fam. 43. RUMICINEÆ. — *Polygoneæ rumiceæ*. Prodr.

Trib. 1. Rumiceæ, *Embryon courbé.* — Rumex. Atraphaxis. Tragopyrum. Emex. Podopterus. Polygonella.

Trib. 2. Rheæ. *Embryon droit, axile.* — Rheum. Oxyria.

Fam. 44. PROTEACEÆ. Juss.

Trib. 1. Proteæ. *Fr. indéhiscent.* — Protea. Leucadendron. Isopogon. Nivenia. Leucospermum. Petrophila. Mimetes. Serruria. Adenanthos. Sorocephalus. Spatalla. Conospermum. Synaphea. Simsia. Aulax. Brabeium.

Trib. 2. Banksieæ. *Fr. déhiscent.* — Persoonia. Hakea. Bellendeua. Grevillea. Anadenia. Lambertia. Xylomelum. Orites. Telopea. Lomatia. Stenocarpus. Banksia. Driandra.

Fam. 45. ELEAGNIDEÆ. — *Eleagneæ*. Rich.

Eleagnus. Hippophae. Sheperdia. Conuleum.

Fam. 46. THYMÉLINEÆ. — *Thymeleæ*. Juss.

Days. Daphne. Passerina. Stellera. Struthiola. Lachnæa. Thymeliua. Gnidia. Pimelea.

Fam. 47. AQUILARIACEÆ. — *Aquilarineæ*. R. Br.

Aquilaria. Gyrinops. Ophiospermum.

Fam. 48. PENEACEÆ. Sweet.

Penæa.

Fam. 49. SAMYDACEÆ. — *Samydeæ*. Vent.

Trib. 1. Samydeæ. Dec. — Smyda. Casearia. Anavinga. Crateria.

Trib. 2. Homalineæ. R. Br. — Homalium. Blakwellia.

Fam. 50. SANGUISORBEÆ. Lois.

Trib. 1. Cliffortiaceæ. *Périg. fructifère déhiscent.* — Cliffortia.

Trib. 2. POTERIEÆ. *Prodr.* — Poterium. Sanguisorba.
Trib. 3. ALCHEMILLEÆ. *Prod.* — Alchemilla. Aphanes.

Fam. 51. SCLERANTHIDEÆ. — Comm. Bot.

Trib. 1. POLLICHIEÆ. *Dc.* — Pollichia.
Trib. 2. SCLERANTHEÆ. *Lk.* — Scleranthus. Mniarum. Guilleminia.
Trib. 3. QUERIEÆ. (*Queriaceæ Dec.*) — Queria.

SUBDIV. 2. CORONANTHÆ.
CL. 4. TOROCORONÆ.

ANALYSE DES FAMILLES.

† COROLLE INSERRÉE AU SOMMET D'UN CALICE URCÉOLÉ ET ÉDENTÉ.

ORDO A. *Nyctaginarieæ.* — Cal. enveloppant le fruit ; étam. libres inserrées sous l'ovaire.

Calice devenant ligneux et pseudocarpique. . . . . . 52 NYCTAGINEÆ.

†† COR. ÉPITHALAME; FL. ASYMÉTRIQUE, OU SEULEMENT ÉTAMINES DIDYNAMES.

B. *Globularieæ.* — Fr. monosperme , indéhiscent.

5 Etamines . . . . 53 BRUNONIACEÆ.
4 Etamines didynames. . . . . , . 54 GLOBULARIACEÆ.

C. *Labiarieæ.* — Fruit à loges indéhiscentes oligospermes; 2 ou 4 étam.

* Style gynobasique.

Fruit partible en 4 glands. . . . . 55 LABIATÆ.

** Style terminal ; corolle tubuleuse.

Anthères biloculaires; ovules dressés; radicule infère. . 56 VERBENACEÆ.
Anthères biloculaires; ovules pendants; radicule supère. 57 MYOPORINEÆ.
Anthères uniloculaires. . . . . 58 SELAGINEÆ.

*** Style terminal; corolle ventriqueuse.

Corolle bilabiée. . . . . 59 PEDALINEÆ.

D. *Pinguicularieæ.* — Fruit capsulaire à placenta libre.

2 Etam. épithal. ; cal. pentaphylle ; embryon dicotylé. 60 PINGUICULACEÆ.
4 Etam. épipétales ; cal. diphylle ; embryon acotylé. . 61 UTRICULARIACEÆ.
3 Etam. épipétales ; cal. diphylle ; embryon dicotylé. . 62 MONTIACEÆ.

E. *Polygalarieœ.* — Fr. caps. à placentaire adhérent ; étam. adelphiques.

Etam. diadelphiques, en nombre double des div. de la cor.   63 POLYGALACEÆ.
Etam. monadelphiques, au nombre des div. de la cor.   .   64 KRAMERIACEÆ.

F. *Rhinantharieœ.* — Fr. à placentaire adhérent ; 2 ou 4 étam.

Capsule déhiscente avec élasticité.   .   .   .   .   .   .   65 ACANTHIDEÆ.
Capsule déhiscente sans élasticité ; cor. marcescente.   .   66 OROBANCHIDEÆ.
Capsule déhiscente sans élasticité ; cor. caduque.   .   .   67 RHINANTHIDEÆ.
Fruit indéhiscent, pulpeux à l'intérieur.   .   .   .   .   .   68 CRESCENTIACEÆ.

††† COROLE ÉPITHALAME ; FLEUR SYMMÉTRIQUE.

G. *Solanarieœ.* — Placentaires adnés au milieu des cloisons ; fr. polysperme ; valves à bords rentrans.

Préfloration plissée ou valvaire.   .   .   .   .   69 SOLANIDEÆ.

H. *Boraginarieœ.* — Placentaires funiculaires attachés à l'axe ; fr. oligosperme, valves à bords rentrans.

* Fruit partible.

Loges 2-5-spermes   .   .   .   .   70 NOLANACEÆ.
Loges monospernes ; plusieurs styles.   .   .   .   .   71 DICHONDRACEÆ.
Loges monospernes ; un seul style.   .   .   .   .   .   72 BORAGINEÆ.

** Fruit simple.

Fruit capsulaire uniloculaire.   .   .   .   .   73 HYDROPHYLLIDEÆ.
Fruit succulent quadriloculaire.   .   .   .   .   .   .   74 CORDIACEÆ.

I. *Convolvularieœ.* — Placentaire axile septifère ; fr. oligosperme ; valves à bords non rentrans.

* Cloisons adnées aux sutures des valves.

Etamines déclinées.   .   .   .   .   75 COBÆACEÆ.
Etamines droites ; corolle caduque.   .   .   .   .   .   76 CONVOLVULINEÆ.
Etamines droites ; corolle marcescente ; ovaire recouvert
d'appendices frangés.   .   .   .   .   77 CUSCUTACEÆ.
Etamines droites ; corolle marcescente ; ovaire non re-
couvert d'appendices frangés.   .   .   .   .   .   .   78 PLANTAGINEÆ.

** Cloisons adnées au milieu des valves.

Fruit bivalve.   .   .   .   .   79 HYDROLÆACEÆ.
Fruit trivalve.   .   .   .   .   80 POLEMONIDEÆ.

K. *Asclepiarieœ.* — Placentaires le long des valves du péricarpe.

* Fruit simple ; placentaire adhérent aux valves.

Valves à bords non rentrans ; feuilles alternes.   .   .   .   81 MENYANTHIDEÆ.
Valves à bords rentrans ; feuilles opposées.   .   .   .   .   82 GENTIANACEÆ.

** Fruit bipartible, placentaire inadhérent.

Anthères stipitées ; style persistant. . . . . . . 83 Loganiaceæ.
Anthères sessiles ; style nul. . . . . 84 Asclepiadeæ.
Anthères stipitées ; style caduc. . . . . 85 Apocyneæ.

L. *Jasminarieæ.* — Placentaire nul ; fr. oligosperme à graines attachées au sommet ou à la base des loges.

* Corolle tubulaire ; ovaire 2-4-loculaire.

2 Étamines. . . . . 86 Jasminideæ.
5 Étamines. . . . . 87 Stricnideæ.
Étamines en nombre double des divisions de la corolle. 88 Potaliaceæ.

** Corolle tubulaire ; ovaire multiloculaire.

Étamines libres ; ovules pendants ; graines molles. . . 89 Ebenaceæ.
Étamines libres ; ovules dressées ; graines dures. . . 90 Sapotaceæ.
Étamines monadelphes. . . . . 91 Lebaceæ.

*** Corolle presque polypétale.

Étamines monadelphes. . . . . 92 Simploceæ.
Étamines libres inégales ; ovules dressés. . . . . 93 Stackhousieæ.
Étamines libres inégales ; ovules pendans. . . . . 94 Iliceæ.

M. *Primularieæ.* — Placentaire central libre ; ovaire uniloculaire.

1 Style ; fruit bacciforme. . . . . 95 Ardisiaceæ.
1 Style ; fruit sec déhiscent. . . . . 96 Primulaceæ.
5 Styles ; fruit sec monosperme. . . . . 97 Plumbagineæ.

N. *Ericarieæ.* — Placentaire axile septifere ; fr. polysperme.

Étamines indéfinies. . . . . 98 Fouquieraceæ.
Etam. def.; anthères biloculaires ; cor. étalée à préflorai-
son implicative. . . . . 99 Rhodoraceæ.
Etam. def ; anthères biloculaires ; cor. resserrée à la
gorge, à préfloration embriquée. . . . . . . 100 Ericaceæ.
Etam. def.; anthères uniloculaires. . . . . . . 101 Epacrideæ.

Fam. 52. NYCTAGINEÆ. Juss.

Oxybaphus. Nyctago. Abronia. Allionia. Boerhaavia. Pisonia. Boldoa.

Fam. 53. BRUNONIACEÆ. — *Plumbagineæ brunoniaceæ.* Rchb.

Brunonia.

Fam. 54. GLOBULARIACEÆ. — *Globulariæ.* Lamk.

Globularia.

Fam. 55. LABIATÆ. Juss.

Trib. 1. Teucrieæ. Prodr. *Fl. unilabiées.* — *a.*) *Ajugeæ.* 4 Etam. — Ajuga. Chamæpitys. Teucrium. Scorodonia. Anisomeles. Trichostema. — *b.*) *Collinsoniæ.* 2 Etam. — Collinsonia. Amethystea.

Trib. 2. Salvieæ. Prodr. *Bilab. segrégatifl.* 2 *étam.* — Sclarea. Salvia.

Trib. 3. Melittideæ. Prodr. *Bilab. segrégatifl, didynam. bractéoles* O. — *a.*) *Scutellarieæ.* Prodr. Scutellaria. — *b.*) *Prunelleæ.* Prodr. — Cleonia. Prunella. Melittis. Prasium. Horminum. Phryma. Trixago. — *c.*) *Sideritideæ.* Prodr. — Hesiodia. Sideritis.

Trib. 4. Stachideæ. Prodr. — *Bilab. segrégatifl. didynam. Fl. bractéolées.* — *a.*) *Betoniceæ.* Prodr. — Betonica. Stachys. Zietenia. — *b.*) *Galeopsideæ.* Prodr. — Lamium. Galeopdolon. Galeopsis.

Trib. 5. Leonureæ. Prodr. — *Bilob. aggrégatifl. bractéoles éparses horizontales.* — *a.*) *Marrubieæ.* Prodr. — Leonurus. Moluccella. Chaiturus. Marrubium. Ballota. Phlomis. Leucas. Leonotis. — *b.*) *Clinopodeæ.* Prodr. — Clinopodium. Monarda.

Trib. 6. Nepeteæ. Prodr. — *Bilab. aggrégatifl. à bractéoles opposées.* — *a.*) *Catarieæ.* Prodr. — Satureia. Pycnanthemum. Westeringia. Bistropogon. Hyssopus. Elsholtzia. Nepeta. Glechoma. Zizyphora. Cunila. Hedeoma. — *b.*) *Melisseæ.* Prodr. — Dracocephalum. Lepechina. Melissa. Thymus. Acinos. Calamintha. Thymbra. Prostanthera. Rosmarinus. — *c.*) *Origaneæ.* Prodr. — Origanum. Amaracus. Majorana.

Trib. 7. Ocymeæ. *Bilab. à étamines déclinées.* — Ocymum. Plectranthus. Hyptis. Glechon. Moschosma. (Lumnitzera J. non W.) Pycnostachys.

Trib. 8. Mentheæ. Prodr. — *Fl. non labiées.* — Mentha. Pulegium. Lycopus. Perilla. Isanthus.

Fam. 56. VERBENACEÆ. Juss.

Trib. 1. Verbeneæ. *Bractéoles alternes.* — Verbena. Zapania. Aloysia. Stachytarpheta. Chloanthes. Petræa. Citharexylum. Duranta. Priva. Lippia. Lantana. Spielmania.

Trib. 2. Viteceæ. *Bractéoles opposées.* — Clerodendron. Volkameria. Siphonanthus. Vitex. Holmskidia. Ægiphila. Callicarpa. Premna. Hosta. Cornutia. Gmelina. Tectona.

Fam. 57. MYOPORINÉÆ. R. Br.

Myoporum. Stenochilus. Bontia. Avicenia.

Fam. 58. SELAGINEÆ. Juss. Chois.

Selago. Microdon. Agathelpis. Dischisma. Hebenstreitia. Polycenia.

Fam. 59. PEDALINEÆ. R. Br.

Trib. 1. Pedalieæ. *R. Br.* — Pedalium. Josephina.

Trib. 2. Sesameæ. *R. Br.* — Sesamum. Martynia. Craniolaria. Tourretia.

Fam. 60. PINGUICULACEÆ.

Pinguicula. Brandonia.

Fam. 61. UTRICULARIACEÆ.

Utricularia.

Fam. 62. MONTIACEÆ. Comm. Bot.

Montia. Limnia.

Fam. 63. POLYGALACEÆ. Juss.

Polygala. Comesperma. Badiera. Soulamea. Muraltia. Nylandtia (Mundia). Monnina. Securidaca.

Fam. 64. KRAMERIACEÆ. — *Polygalacearum gen.* Dec.

Krameria.

Fam. 65. ACANTHIDEÆ. — *Acanthi.* Juss.

Trib. 1. ACANTHEÆ. *Corolle unilabiée.* — Acanthus. Blepharis.
Trib. 2. RŒLLIEÆ. *Cor. bilab.* 4 *étamines.* — Ruellia. Hygrophila. Blechum. Aphelandra. Barleria. Crossandra: Phaylopsis. Lepidagathis.
Trib. 3. JUSTICIEÆ. *Cor. bilab.* 2 *étamines.* — Justicia. Hypoestes. Eranthemum. Dicliptera.
Trib. 4. ELYTRARIEÆ. *Retinacles nuls.* — Nelsonia. Elytraria. Adenosma.
Trib. 5. TUNBERGIEÆ. *Retinacles charnus.* — Thumbergia.

Fam. 66. OROBANCHIDEÆ. — *Orobanchoideæ.* Vent.

Trib. 1. OROBANCHEÆ. *Caps.* 1 *loc.* — Orobanche. Phelipæa. Hyobanche. Lathræa. Epiphegus.
Trib. 2. ÆGINETIEÆ. *Caps.* 2 *loc.* — Æginetia. Alectra.

Fam. 67. RHINANTHIDEÆ. Prodr.

Trib. 1. MELAMPYRACEÆ. Prodr. — *Placentaire indistinct ; sem. attachées au centre de la cloison.* — Orthocarpus. Melampyrum. Alectorolophus. Rhinanthus. Pedicularis. Tozzia. Euchroma. Castilleja. Odontites. Euphrasia. Bartsia. Lamourouxia. Camphylcia.
Trib. 2. LIMOSELLEÆ. Prodr. — 2 *Placentaires centraux réunis en un seul libre après la déhiscence.* — Limosella. Lindernia.
Trib. 3. BIGNONIACEÆ. — *Placentaire indistinct ; sem. attachées aux bords externes de la cloison.* — Bignonia. Tecoma. Spadothea. Catalpa. Chilopsis. Millingtonia. Jacaranda. Amphilophium. Eccremocarpus. Fieldia.
Trib. 4. MIMULEÆ. — 2 *Placentaires centraux doubles.* — Mimulus. Uvedalia.
Trib. 5. VERONICEÆ. Prodr. — 2 *Placentaires centraux simples ; préfloraison embriquée.* — Veronica. Diplophyllum. Hedystachys. Leptandra. Pæderota. Wulfenia. Browallia.

Trib. 6. ANTIRRHINEÆ. Prodr. — 2 *Placentaires centraux simples; préfloration testudinée ; cloisons impartibles.* — Antirrhinum. Anarrhinum. Linaria. Kickxia. Nemesia. Scoparia. Cymbaria. Maurandia. Vandellia. Dodartia. Lophospermum. Sibthorpia. Herpestis. Disandra. Vandellia. Torenia. Columnea. Stemodia. Mazus. Russelia. Angelonia. Schwenkia. Schizanthus.

Trib. 7. DIGITALIDZÆ. Prodr. — 2 *Placentaires centraux simples ; préflor. testudinée ; cloisons bipaginées ; 4 étam. biloculaires ; cor. ventriqueuse.* — Gratiola. Digitalis. Chelone. Trevirania. Capraria. Teedia. Bonnaya.

Trib. 8. ERINEÆ. *Fr. id. cor. tubulaire.* — Erinus. Manulea. Buchnera. Buddleja.

Trib. 9. SCROPHULARIEÆ. Prodr. 2 *placentaires centraux simples ; préfl. testudinée ; cloisons bipaginées : 4 étam. uniloculaires.* — Hemimeris. Alonsoa. Diascia. Calceolaria. Scrophularia.

Trib. 10. VERBASCINEÆ. Pródr. — 2 *placentaires centraux simples ; préfloration testudinée ; cloisons bipaginées ; 5 étam. ; cor. presque régulière.* — Verbascum. Celsia. Ramonda.

Fam. 68. CRESCENTIACEÆ.

Crescentia. Brunfelsia. Tanæcium.

Fam. 69. SOLANIDEÆ. — *Solaneæ.* Juss.

Trib. 1. NICOTIANEÆ. — *Fr. sec. ; cal. persistant.* — Nicotiana. Petunia. Scopolia. Hyoscyamus.

Trib. 2. DATUREÆ. — *Fr. sec. ; cal. caduc.* — Datura. Brugmansia.

Trib. 3. SOLANEÆ. — *Fr. succulent ; cor. plissée.* — Solanum. Lycopersicum. Atropa. Mandragora. Capsicum. Aquartia. Physalis. Nicandra. Sarachra. Withleya. Anisodus. Nycterium.

Trib. 4. CESTRINEÆ. — *Fr. succulent ; cor. valvaire.* — Lycium. Cestrum. Solandra.

Fam. 70. NOLANACEÆ.

Nolana.

Fam. 71. DICHONDRACEÆ.

Dichondra. Falkia.

Fam. 72. BORAGINEÆ. Vent.

Trib. 1. HELIOTROPIEÆ. Prodr. — Heliotropium. Coldenia. Triaridium.

Trib. 2. LITHOSPERMEÆ. Prodr. *Cor. régul. Etam. égales.* — a.) *Cynoglosseæ.* Prodr. — Trichodesma. Asperugo. Mattia. Cynoglossum. Casselia. Omphalodes. Lappula. Rochelia. — b.) *Anchuseæ.* Prodr. — Myosotis. Exarrhena. Anchusa. Borago. Symphytum. Stomotechium. — c.) *Pulmonarieæ.* Prodr. — Lithospermum. Colsmannia. Batschia. Lycopsis. Pulmonaria. Purchia. Molkia. Onosma. Onosmidium.

Trib. 3. CERINTHEÆ. *Méricarpes biloculaires.* — Cerinthe.
Trib. 4. ECHIEÆ. Prodr. *Corolle irrégulière ; étam. inégales.* — Echium.
Echiochilon.

Fam. 73. HYDROPHYLLEÆ. R. Br.

Hydrophyllum, Phacelia. Nemophila. Ellisia.

Fam. 74. CORDIACEÆ. R. Br.

Trib. 1. EHRETIEÆ. *Fr. bipartible.* — Tournefortia. Ehretia. Messerschmidia.
Rhabdia.
Trlb. 2. CORDIEÆ. *Fr. simple.* — Cordia. Patagonula. Menais. Varronia.

Fam. 75. COBEACEÆ. Don.

Cobæa. Amphilophium.

Fam. 76. CONVOLVULINEÆ. — *Convolvuli.* Juss.

Convolvulus. Calystegia. Ipomæa. Argyreia. Dinetus. Porana. Evolvulus.

Fam. 77. CUSCUTACEÆ. — *Cuscuteæ.* Prodr.

Cuscuta.

Fam. 78. PLANTAGINEÆ. Juss.

Trib. 1. PLANTAGINEÆ. *Fr. polysperme ; fl. herm.* — Plantago.
Trib. 2. LITTORELLEÆ. *Fr. monosperme ; fl. dicline.* — Littorella.

Fam. 79. HYDROLÆACEÆ. R. Br.

Hydrolæa. Nama. Wigandia.

Fam. 80. POLEMONIDEÆ. — *Polemonia.* Juss.

Trib. 1. POLEMONEÆ. *Etam. pédonculées.* — Polemonium. Gilia. Ipomopsis.
Caldasia. Collomia.
Trib. 2. PHLOCIDEÆ. *Etam. sessiles.* — Phlox.

Fam. 81. MENYANTHIDEÆ. — *Gentianeæ menyantheæ.* Prodr.

Menyanthes. Limnanthes. Villarsia.

Fam. 82. GENTIANACEÆ. — *Gentianæ.* Juss.

Trib. 1. GENTIANEÆ. *Préfloraison contournée.* — Gentiana. Swertia. Chlora.
Frasera. Chironia. Erythræa. Sabbatia. Eustoma. Hippion. Sebæa. Cicendia.
Exacum.

4

Trib. 2. Spigelieæ. *Préfloraison valvaire.* — Spigelia.
Trib. 3. Romanzoviaceæ. *Inflorescence spirale.* — Romanzoffia.

Fam. 83. LOGANIACEÆ. R. Br.

Logania. Usteria. Gærtnera, Pagamæa. Geniostoma, Anaster.

Fam. 84. ASCLEPIADEÆ. R. Br.

Trib. 1. Stapelieæ, *Rchb.* — Ceropegia. Huernia. Priaranthus. Stapelia. Duvalia. Pectinaria. Orbea. Tridentea. Tromotriche. Podanthes. Obesia. Caruncularia. Brachystelma. Caralluma.
Trib. 2. Cynancheæ. Rchb. — *a.) Pergularieæ.* — Hoya. Pergularia. Tylophora. Dischidia. Marodenia. Gymnema. Sarcolobus. *b.) Gonolobeæ.* — Gonolobus. Matelea. — *c.) Cynancheæ.* — Asclepias. Exytelma. Acerates. Anantherix. Stylandra. Gomphocarpus. Cynanchum. Dæmia.Xysmalobium. Metaplexis. Holostemma. Ditassa. Kanahia. Diplolepium. Sarcostemma. Eustegia. Oxypetalum. Calotropis. Podostigma. — *d.) Astephaneæ.* — Astephanus. Metastelma. Microloma.
Trib. 3. Periploceæ. Rchb. — Scamone. Periploca. Hemidemus. Gymnanthera. Cryptostegia.

Fam. 85. APOCYNEÆ. R. Br.

Trib. 1. Echiteæ. Rchb. — Echites. Hæmadictyon. Vallaris. Ichnocarpus. Beaumontia. Parsonsia. Apocynum. Lyonsia. Nerium. Prestonia. Strophanthus. Wrightia. Thenardia.
Trib. 2. Vinceæ. Prodr. — Pervinca. (Vinca Rchb.) Vinca. (Lochnera Rchb.) Tabernæmontana. Cameraria. Plumeria. Amsonia. Vahea. Allamanda.

Fam. 86. JASMINIDEÆ. Juss.

Trib. 1. Lilacineæ. Vent. — Lilac. Chionanthus. Ornus. Fraxinus. Fontanesia.
Trib. 2. Oleineæ. R. Br. — Olea. Ligustrum. Notelæa. Linociera.
Trib. 3. Jasmieæ. R. Br. — Nyctanthes. Jasminium.

Fam. 87. STRYCHNIDEÆ. — *Strychneæ et apocynearum pars.* Bl.

Trib. 1. Carisseæ. — *Apocyneæ drupaceæ.* — Carissa. Arduina. Cerbera. Willugbeia. Chilocarpus. Ochrosia.
Trib. 2. Strychneæ. — *Strychnaceæ.* Bl. — Strychnos. Picrophleus. Fagræa. Cyrtophyllum. Ignatia.

Fam. 88. POTALIACEÆ. Mart.

Potalia. Fagræa. Anthocleista.

Fam. 89. EBENACEÆ. Juss.

Diospyros. Royena. Cargillia. Maba.

Fam. 90. SAPOTACEÆ. — *Sapoteæ.* Juss.

Inocarpus. Bumelia. Sersalisia. Sideroxylon. Argania. Chrysophyllum. Nycterisition. Achras. Lucuma. Mimusops. Imbricaria. Bassia.

Fam. 91. LEEACEÆ. — *Ampelideæ leeaceæ.* Dec.

Leea. Lasianthera.

Fam. 92. SYMPLOCEÆ. — *Symplocearum pars.* Juss.

Symplocos. Alstonia. Ciponima.

Fam. 93. STACKHOÜSIEÆ. R. Br.

Stackhousia.

Fam. 94. ILICEÆ. Comm. Bot.

Cassine. Hartogia. Curtisia. Myginda. Ilex. Prinos. Nemopanthes.

Fam. 95. ARDISIACEÆ. Juss. — *Myrsineæ.* R. Br.

Mæsa. Jacquinia. Ardisia. Embelia. Myrsine. Trientalis.

Fam. 96. PRIMULACEÆ. Vent.

Trib. 1. GLAUCINEÆ. Prodr. *Corolle nulle.* — Glaux.
Trib. 2. ANAGALLIDEÆ. Prodr. *Corolle étalée ; cal. polyphylle.* — Centunculus. Anagallis. Asterolinum. Lysimachia. Naumburgia. Lubinia.
Trib. 3. PRIMULEÆ. Prodr. *Corolle étalée ; cal. monophylle.* — Androsace. Aretia. Primula. Cortusa. Soldanella. Hottonia.
Trib. 4. CYCLAMINEÆ. Prodr. *Corolle révolue.* — Cyclamen. Dodecatheon.
Trib. 5. CORIDEÆ. *Corolle irrégulière.* — Coris.

Fam. 97. PLUMBAGINEÆ. Juss.

Trib. 1. ARMERIACEÆ. Comm. bot. *Cor. divisée jusque près de sa base.* — Statice. Armeria. Ægialitis.
Trib. 2. PLUMBAGEÆ. *Cor. indivise.* — Plumbago. Vogelia.

Fam. 98. FOUQUIERIACEÆ. Dec.

Fouquieria. Bronnia.

Fam. 99. RHODORACEÆ. — *Rhodoracearum pars.* Juss.

Rhododendrum. Azalea. Rhodora. Kalmia. Loiseleuria. Ledum. Epigea. Ammyrsine.

Fam. 100. ERICACEÆ. — *E. et Rhodoracearum. Gen.* Juss.

Arbutus. Arctostaphylos. Gualteria. Enkianthus. Andromeda. Lyonia. Mylo-
caryum. Clethra. Cyrilla. Bosæa. Sympieza. Calluna. Erica. Menziesia.
Diapenzia. Pyxidanthera. Galax.

Fam. 101. EPACRIDEÆ. R. Br.

Trib. 1. Epacreæ. *Loges du fr. monosperme.* — Dracophyllum. Sprengelia.
Andersonia. Lysinema. Epacris. Ponceletia. Cosmelia.
Trib. 2. Stenanthereæ. *Loges du fruit polysperme.* — Styphelia. Stenan-
thera. Leucopogon. Cyathodes. Linanthe. Astroloma. Monotoca. Trocho-
carpa. Acrotriche. Melichrus.

CL. 5. GYNOCORONÆ. S. Gynocorollæ.

ANALYSE DES FAMILLES.

† PERICOROLLIE. JUSS.

Ordo. A. *Vaccinarieæ.* — Fr. indéhiscent, à placentaires axiles; étamines
libres égales.

Fruit succulent. . . . . 102 Vaccinideæ.
Fruit sec. . . . . 103 Styracineæ.

B. *Cucurbarieæ.* — Fr. indéhiscent à placentaires se séparant de l'axe à la
maturité.

Etamines libres; corolle double. . . . . 104 Napoleonaceæ.
Etamines libres; corolle simple. . . . . 105 Zanoniaceæ.
Etamines monadelphes; corolle simple. . . . . 106 Cucurbitaceæ.

C. *Gesnerarieæ.* — Fr. déhiscent; corolle staminifere.

Moins d'étamines que de divisions à la corolle. . . 107 Gesneriaceæ.

D. *Campanarieæ.* — Placentaires axiles; corolle non staminifère.

Cor. irrégul.; 2 étam. dont les filets sont soudés avec
le style. . . . . 108 Stylidieæ.
Cor. irrégul.; 5 étam. stigmate indusié. . . . . 109 Goodeniaceæ.
Cor. régul.; 5 étam. distinctes. . . . . . . 110 Campanulaceæ.
Cor. irrégul.; 5 étam. soudées par les anthères; fr.
plurilocul. . . . . 111 Lobeliaceæ.
Cor. régul.; 5 étam. syngenèses; fr. unilocul. . 112 Jasionideæ.

†† EPICOROLLIE SYNANTHERIE. JUSS.

E. *Synanthereæ*. — Fr. monosperme ; étam. syngénèses.

Filets inadherents ; ovule dressé. . . . . 113 COMPOSITÆ.
Filets monadelphes ; ovule pendant. . . . . . 114 CALYCEREÆ.

††† EPICOROLLIE CORYSANTHERIE. JUSS.

F. *Dipsarieæ*. — Etam. alternatives ; fr. monosperme.

Fleurs réunies en capitule et munies d'un involucre. . 115 DIPSACEÆ.
Fleurs libres et sans involucre. . . . . 116 VALERIANACEÆ.

G. *Rubiarieæ*. — Etam. alternatives ; fr. polysperme ; feuilles verticillées ou stipulées.

Corolle non staminifère. . . . . 117 OPERCULARIACEÆ.
Corolle staminifère à préfloraison contournée. . . 118 GARDENIACEÆ.
Corolle staminifère à préfloraison valvaire. . . . 119 RUBIACEÆ.

H. *Viburnarieæ*. — Etam. alternatives ; fr. polysperme ; feuilles non stipulées.

Style allongé. . . . . 120 CAPRIFOLIACEÆ.
Style nul ; stigmates sessiles. . . . . 121 VIBURNIDEÆ.

I. *Samolinarieæ*. — Etam. oppositives ; placenta libre central.

Fruit capsulaire polysperme. . . . . 122 SAMOLINEÆ.

Fam. 102. VACCINIDEÆ. Batsch.

Vaccinium. Vitidæa. Oxycoccus. Lussacia.

Fam. 103. STYRACINEÆ. — *Styracearum gen.* Rich.

Styrax. Halesia.

Fam. 104. NAPOLEONACEÆ. — *Belvisieæ*. Beauv.

Napoleona. Asteranthos.

Fam. 105. ZANONIACEÆ. — *Nandhirobeæ*. Aug. St. Hill.

Zanonia. Fevillea. Courataria. Myrianthus.

Fam. 106. CUCURBITACEÆ. Juss.

Cucurbita. Cucumis. Trichosanthes. Ceratosanthes. Momordica. Luffa. Anguria. Melothria. Ecballium. Elaterium. Bryonia. Sechium. Sicyos. Gronovia.

Fam. 107. GESNERIACEÆ. — *Gesnerearum pars*. Rich.

Trib. 1. GESNEREÆ. *4 étam.* — Gesneria. Sinningia. Gloxinia. Anthocercis.
Trib. 2. COLUMELLIEÆ. *2 étam.* — Columellia.

Fam. 108. STYLIDIEÆ. R. Br.

Stylidium. Levenhookia.

Fam. 109. GOODENIACEÆ. — *Goodenovieæ*. R. Br.

Trib. 1. GOODENIEÆ. *Semences indéfinies.* — Goodenia. Calogyne. Euthales.
Velleia. Lechenaultia.
Trib. 2. SCEVOLEÆ. R. Br. *Semences définies.* — Scævola. Diaspasis. Dampiera.

Fam. 110. CAMPANULACEÆ. Juss.

Trib. 1. CAMPALUNEÆ. Prodr. *Corolle 5 dentée.* — Canarina. Michauxia.
Ligfootia. Adenophora. Wahlenbergia. Campanula. Musschia. Roella.
Prismatocarpus. Roucela.
Trib. 2. PHYTEOMEÆ. Prodr. *Cor. profondément 5 fide.* — Trachelium.
Phyteuma.

Fam. 111. LOBELIACEÆ. Juss.

Lobelia. Monopsis. Isotoma. Cyphia.

Fam. 112. JASIONIDEÆ. — *Campanulaceæ jasionideæ*. Prodr.

Jasione.

Fam. 113. COMPOSITÆ. Adans.

Série. I. TRICHOSTYLÆ. Prodr. — Style cylindrique et stigmates, pilifères
sur le dos.

Trib. 1. CICHORIEÆ. *Fleurons tous ligulaires.* — *a.) Cichoreæ* (Scorzenerées
à aigrettes paléiformes. Cass.) Catananche. Cichorium. — *b.) Scorzonoreæ.*
(Scorzonérées à aigrette barbée. Cass.) Hedypnois. Hyoseris. Troximon.
Lasiospora. Scorzonera. Podospermum. Leontodon. Thrincia. Tragopogon.
Geropogon. Porcellites. Scriola. Robertia. — *c.) Hieracieæ.* Cass.-Hieracium. Drepania. Krigia. Arnoseris. Rothia. Andryala. — *d.) Crepideæ.*
(Crépidées à aigrette. Cass.) Picris. Helmintia. Taraxacum. Crepis. Barkhausia. Hostia. Zacintha. — *e.) Lapsaneæ.* (Crepidées sans aigrette. Cass.)
Rhagadiolus. Koelpinia. Lapsana. — *f.) Lactuceæ.* (Lactucées prototypes à
clinanthe nu. Cass.) Prenanthes. Chondrilla. Lactuca. Sonchus. Picridium.
Urospermum. — *g.) Scolymeæ.* (Lactucées prototypes à clinanthe squamellifère. **Cass.**) Myscolus. Scolymus.

Trib. 2. VERNONIACEÆ. (Vernonieæ. Cass.) *Fleurons staminés, réguliers.* —
a.) *Rolandreæ*. Cass. — Corymbium. Rolandra. Noccea. Guadelia. Tri-
chospira.— b.) *Vernonieæ*. (Vernoniées prototypes. Cass.) — Elephantopus.
Vernonia. Heterocoma. Sparganophorus. Stokesia. — c.) *Tarchonantheæ*.
Cass. — Tarchonanthus. — d.) *Plucheæ*. Cass. — Pluchea. Tessaria. —
e.) *Liabeæ*. Cass. — Liabum. Cacosmia.

Série II. ADENOSTIGMEÆ. Prodr. — Style cylindrique glabre ou pileux; stigmate
glanduleux.

Trib. 3. EUPATORINEÆ. Prodr. Stigmate des fleurs staminées et régulières,
glanduleux au sommet. — a.) *Liatrideæ*. Fr. à 10 *nervures*. — Liatris.
Suprago. Kuhnia. — b.) *Eupatorieæ*. Fr. *pentagone*. — Eupatorium.
Mikania. Batschia. Stevia. Piqueria. Adenostemma. Sclerolepis. Coelestina.
Ageratum.— c.) *Adenostyleæ*. Cass. — Paleolaria. Adenostyles. Homogyne.
Ligularia. — d.) *Tussilagineæ*. Cass. — Tussilago. Petasites. Farfara.

Série III. TRICHOSTIGMEÆ. Prodr. — Style cylindrique glabre; stigmates pileux
au sommet.

Trib. 4. CHÆNANTHÆ. *Corolle staminée biligulaire.* — a.) *Mutisieæ*. Cass.
Styles non divergents. — Gerbera. Chaptalia. Perdicium. Leria. Onoseris.
Mutisia. Chænanthera. Flotovia. Proustia. Bardanesia. — b.) *Nassauvieæ*.
Cass. *Styles divergents.* — Nassauvia. Triptilium. Pamphalea. Homoianthus.
Clarionea. Trixis. Lasiorhiza. Jungia. Dumerilia.

Trib. 5. JACOBACEÆ. Prodr. — *Corolle staminée regulière; bourrelets stigma-
tiques marginaux.* — a.) *Anthemideæ*. Cass. — Artemisia. Humea. Soliva.
Hippia. Cenia. Cotula. Tanacetum. Balsamita. Pyrethrum. Chrysanthemum.
Matricaria. Athanasia. Lonas. Diotis. Santolina. Anacyclus. Anthemis.
Chamæmelum. Achillea. — b.) *Gnaphalieæ*. (Inuleæ gnaphalieæ. Cass.) —
Relhania. Leyssera. Gnaphalium. Cassinia. Argyrocome. Helichrysum.
Antennaria. Seriphium. Stœbe. OEdera. Leontopodium. Filago. Impia. Mi-
cropus. — c.) *Inuleæ*. (Inuleæ archetypæ. Cass.) — Conyza. Inula. Puli-
caria. Limbarda. Carpesium. Buphthalmum. — d.) *Astereæ*. Cass. —
Bellis. Bellium. Bellidaster. Boltonia. Amellus. Agathæa. Aster. Phalacro-
loma. Erigeron. Trimorphæa. Baccharis. Chrysocoma. Solidago. Grindelia.
— e.) *Senecioneæ*. Cass. — Senecio. Cacalia. Doronicum. Arnica.

Trib. 6. HELIANTHIDEÆ. Prodr. — *Corolle staminée regulière; bourrelets
stigmatiques internes et confluents.* — a.) *Millerieæ*. Cass. — Sigesbeckia.
Unxia. Sclerocarpus. Polymnia. Milleria. Flaveria. Melampodium. Brotera.
— b.) *Rudbeckieæ*. Cass. — Baltimora. Eclipta. Heliopsis. Rudbeckia.
Echinacea. — c.) *Heliantheæ*. (H. archetypæ. Cass.) — Helianthus.
Verbesina. Acmella. Ximenesia. Encelia. Salmea. Sanvitalia. Spilanthes.
Zinnia. — d.) *Coreopsideæ*. Cass. — Dahlia. Cosmos. Coreopsis. Bidens.
Kerneria. Parthenium. Silphium. — e.) *Helenieæ*. Cass. — Helenium.
Balbisia. Galinsoga. Cephalophora. Hymenopappus. Leontophthalmum.
Leptoda. Polypteris. Trichophyllum. — f.) *Tagetineæ*. Cass. — Pectis.
Tagetes.

Série IV. ARTHROSTYLEÆ. Prodr. — Style annelé sous le stigmate.

Trib. 7. CALENDULACEÆ. *Calathides radiatiflores.* — *a.*) *Calenduleæ.* Cass. — Calendula. Osteospermum. Othonna. — *b.*) *Arctotideæ.* Cass. — Arctotis. Arctotheca. Cryptostemma. Gazania. Berkheya. Cullumia. Didelta. Gorteria.

Trib. 8. CYNARACEÆ. (Cynarocephalæ. Juss.) — *a.*) *Xexanthemeæ.* Cass. — Xeranthemum. Chardinia. Cardopatum. — *b.*) *Carlineæ.* Cass. — Carlina. Acarna. Atractylis. Saussurea. Stæhelina. — *c.*) *Centaurieæ.* Cass. — Centaurea. Calcitrapa. Centrophyllum. Zoegea. Cnicus. Crupina. Carthamus. — *d.*) *Carduineæ.* Cass. — Carduncellus. Leuzea. Jurinea. Rhaponticum. Serratula. Lappa. Sylibum. Cinara. Onopordon. Arctium. Cirsium. Carduus. Galactites. — *e.*) *Echinopsideæ.* Cass. — Echinops.

Fam. 114. CALYCEREÆ. Rich.

Calycera. Boopis. Acicarpha.

Fam. 115. DIPSACEÆ. Juss.

Trib. 1. GENUINÆ. — Dipsacus. Scabiosa. Succisa. Astrocephalus. Knautia. Pterocephalus.

Trib. 2. MORINACEÆ. *Etamines didynames.* — Morina.

Fam. 116. VALERIANACEÆ. Batsch.

Trib. 1. FEDIEÆ. *Calice dressé.* — Valerianella. Fedia. Nardostachys. Patrinia. Astrephia.

Trib. 2. VALERIANEÆ. *Calice se déroulant.* — Valeriana. Centranthus.

Fam. 117. OPERCULARIACEÆ. Juss.

Opercularia. Pomax.

Fam. 118. GARDENIACEÆ.

Gardenia. Buchnera. Randia. Luculia. Oxyanthus. Genipa. Webera. Catesbæa. Fernelia. Coccocypselum.

Fam. 119. RUBIACEÆ. Juss.

Trib. 1. CINCHONEÆ. A. Rich. — Rondoletia. Pinckeneya. Mussænda. Hillia. Outarda. Exostemma. Cinchona. Danais. Virecta. Sickingia. Portlandia. Oldenlandia. Hedyotis. Polypremum. Bouvardia. Nacibea.

Trib. 2. GUETTARDA. A. Rich. — Guettarda. Isartia. Ancylanthus.

Trib. 3. VAUGNERIEÆ. A. Rich. — Hamelia. Evosmia. Mitchella. Vaugneria. Nonatelia.

Trib. 4. PSATHUREÆ. A. Rich. — Psathura. Chomelia. Mathiola. Cuviera. Laugeria.

Trib. 5. Psychotrieæ. A. Rich. — Psychotria. Coffea. Serissa. Canthium. Chiococca. Caprosma. Cephaelis. Stipularia. Morinda. Plocama.

Trib. 6. Machaonieæ. A. Rich. — Noclea. Disodia. Chimarrhis. Machaonia.

Trib. 7. Pavetteæ. A. Rich. — Siderodendron. Tetramerium. Scolosanthus. Pavetta. Ixora. Baconia. Ernodea.

Trib. 8. Spermacocceæ. A. Rich. — Knoxia. Spermacocce. Cephalanthus. Diodia. Putoria. Richardsonia.

Trib. 9. Galieæ. (Asperuleæ. Rich.) — Valantia. Phyllis. Sherardia. Anthos ; permum. Galium. Rubia. Crucianella. Asperula.

Fam. 120. CAPRIFOLIACEÆ. Comm. Bot.

Trib. 1. Caprifolieæ. Prodr. 5 *étamines*. — Lonicera. Xylosteon. Symphoria. Diervilla. Triosteum.

Trib. 2. Linnæaceæ. Prod. 4 *étamines*. — Linnæa. Abelia.

Fam. 121. VIBURNIDEÆ. Comm. Bot.

Viburnum. Lentago. Opulus. Sambucus.

Fam. 122. SAMOLINEÆ. Comm. Bot.

Samolus. Bacopa. Sheffeldia.

SUBORD. 3. PETALANTHÆ

CL. 6. GYNOPÉTALÆ.

ANALYSE DES FAMILLES.

Ordo. A. *Lorantharieæ*. — Etam. oppositives ; fruit uniloculaire monosperme.

B. *Cornarieæ*. — Etam. alternatives ; fruit drupacé.

C. *Ombellarieæ*. — Etam. alternatives ; préfl. valvaire ; fruit pluriloculaire, à loges non adhérentes entre elles.

5

D. *Bruniarieœ.* — Etam. alternatives ; préfloraison involute.

Etam. en nombre double des pétales. . . . . . . 129 HAMAMELIDEÆ.
Etam. en même nombre que les pétales. . . . . . 130 BRUNIACEÆ.

Fam. 123. LORANTHIDEÆ. Rich. et Juss.

Loranthus. Schoepfia. Spirostyles. Viscum.

Fam. 124. RHIZOPHOREÆ. R. Br.

Rhizophora. Carallia.

Fam. 125. ALANGIEÆ. Dec.

Alangium.

Fam. 126. CORNEÆ. Prodr.

Cornus. Aucuba.

Fam. 127. UMBELLATÆ. Adans.

Série I. MONOSPERMÆ. — Fruit monosperme.

Trib. 1. LAGOECIEÆ. — Lagoecia.

Série II. ACHNOSPERMÆ. — Fruit couvert de paillettes.

Trib. 2. ERYNGIEÆ (ERYNGIACEÆ.) Prodr. — Eryngium. Alepida. Sanicula.

Série III. PHYSOSPERMÆ. — Fruit couvert d'enflures.

Trib. 3. ASTRANTIEÆ. — Astrantia.

Série IV. DIDISCOSPERMÆ. -- Fr. applati parles côtés et biscutellaire.

Trib. 4. HYDROCOTYLEÆ. Spreng. — Hydrocotyle. Trachymene. Didiscus.

Série. V. PLEUROSPERMÆ. Prodr. — Fr. cottelé.

Trib. 5. BOLACINEÆ. *Fr. anguleux ; ombelle souvent imparfaite.* — Bolax. Azorella. Fragrosa. Spananthe.

Trib. 6. BUPLEVREÆ. Spreng. — Diatropa. Buplevrum. Hermas.

Trib. 7. PIMPINELLEÆ. Prodr. *Fruit comprimée sur les côtés.* — Smyrnium. Conium. Echinophora. Cicuta. Sium. Berula. Heloscia. Prionitis. Ammi. Sison. Carum. Trinia. Ægopodium. Bunium. Pimpinella. Apium. Petroselinum. Ptichotis. Moloppospermum. Conopodium. Cuminum.

Trib. 8. SESELINEÆ. Prodr. *Fruit arrondi.* — Ligusticum. Visnaga. Crithmum. Meum. Fœniculum. Seseli. Bubon. Athamantha. Cachrys. Libanotis. Œnanthe. Phellandrium. Æthusa. Cnidium. Silaus.

Série VI. Tympanospermæ. — Fruit tympaniforme.

Trib. 9. Coriandreæ. — Coriandrum. Biforis.

Série. VII. Rhynchospermæ. Prodr. — Fruit rostré.

Trib. 10. Scandicineæ. Prodr. — Scandix. Myrrhis. Chærophyllum. Anthriscus.

Série VIII. Echinospermæ. Prodr. — Fruit hérissé.

Trib. 11. Caucalideæ. Prodr. — Daucus. Orlaya. Caucalis. Torilis. Staphylium. Turgenia.

Série IX. Pterospermæ. Prodr. — Fruit ailé.

Trib. 12. Thapsiceæ. Koch. — Thapsia. Laserpitium. Melanoselium.
Trib. 13. Angeliceæ. Koch. — Angelica. Archangelica. Levisticum. Selinum. Ostericum.

Série X. Homalospermæ. Prodr. — Fruit applati.

Trib. 14. Peucedaneæ. Prodr. *Fr. marginé.*—Imperatoria. Peucedanum. Cervaria. Thysselinum. Anethum. Ferula. Oppoponax. Heracleum. Galbanum.
Trib. 15. Tordylieæ. Prodr. *Fr. annelé.* — Tordylium. Condylocarpus Hasselquitia.
Trib. 16. Silerineæ. Koch. — Silex. Agasyllis. Krubera.

Fam. 128. ARALIACEÆ. Juss.

Aralia. Panax. Cussonia. Hedera. Sciadophyllum.

Fam. 129. HAMAMELIDEÆ. R. Br.

Hamamelis. Dicoryphe. Foterghillia.

Fam. 130. BRUNIACEÆ. R. Br.

Brunia. Staavia.

CL. 7. CALYPETALÆ. S. Calycopetalæ.

ANALYSE DES FAMILLES.

†Fruit unique pluriloculaire polysperme, a placentaire symmétrique ; fl. impaire.

Ordo. A. *Saxifragarieœ.* Méricarpes capsulaires divergents à la maturité.

2 ou 3 Styles ; ov. inf. ou sup. 2 loc.; feuilles stipulées.   132 Cunoniaceæ.
Styles nombreux ; ov. supères. . . . .   133 Crassulaceæ.
2 Styles ; stip. O ; caps. ou au moins son sommet libre.   134 Saxifragaceæ.
2-5 Styles ; stip. O ; capsule totalement infère. . .   135 Hydrangeaceæ.
5 Styles ; stipules O; capsule 5 loc. . . . . . .   136 Philadelphideæ.

B. *Myrtarieæ.* — Fr. souvent succulent, à méricarpes jamais divergents à la maturité.

Style 1 ; fr. inf. succulent; bouton à sépales valvaires.   137 Granateæ.
Style 1 ; fr. inf. succulent ; anthères droites. . . .   138 Myrtineæ.
Style 1 ; fr. inf. succulent ; anthères incurvées ; tube calicinal totalement adhérent. . . . .   139 Memecyleæ.
Style 1 ; fr. inf. ou sup. sec ou succul.; anthères incurvées ; sommet du tube calicinal toujours inadhérent.   140 Melastomaceæ.
Style 1 ; fr. supère sec ; anthères droites. . . . .   141 Lythrariaceæ.

†† FR. PLURILOC. A PLACENT. CENTRAL ET FLEUR PAIRE ; OU FR. I LOC. A OVULES PENDANTS ET 1 STYLE.

C. *Onagrarieæ.* — Etamines toujours en nombre défini ; fl. presque toujours binaire.

Style 1 ; fr. inf. pluriloculaire polysperme. . . .   142 Onagraceæ.
Style nul, 4 stigm. sessiles ; fr. inf. 4 loc. à loges monospermes. . . . .   143 Haloragideæ.
Style 1; fr. inf. monosperme ; 4 étamines. . . .   144 Trapaceæ.
Style 1 ; fr. inf. monosperme ; plus de 4 étam. . .   145 Combretideæ.

††† FRUIT PLURILOCULAIRE A PLACENTAIRE CENTRAL OLISGOPERME ; OU CARPELLES UNILOCULAIRES A PLACENTAIRE ASYMMÉTRIQUE.

D. *Rosarieæ.* — Fruit à loges oligospermes, soit infère à placentaire central, soit supère à placentaire unilatéral ; feuilles stipulées.

Styles nombreux ; ov. supères ; pet. nombreux non distincts des sépales. . . . .   146 Calycanthideæ.
Styles plusieurs ; ov. supères ou infères ; pétales et sépales distincts. . . . .   147 Rosaceæ.
Style 1 ; fruit supère drupacé. . . . .   148 Amygdalineæ.
Style 1 ; fruit supère, légume bivalve. . . . .   149 Leguminosæ.

E. *Terebintharieæ.* — Fr. supère à graines solitaires attachées au sommet ou à la base des loges ; placent. O ; feuilles stipulées.

Styles 5 ; plusieurs ovaires distincts. . . . . .   150 Connarineæ.
Styles 1-5 ; ovaire supère uniloculaire. . . . .   151 Terebinthaceæ.
Styles 3-5 ; ov. supère pluriloculaire ; pétales entières.   152 Balsameaceæ.
Styles 3-5 ; ov. supère pluriloculaire ; pétales bifides.   153 Chailletiaceæ.

F. *Rhamnarieœ*. — Fr. supère pluriloc. à graines peu nombreuses attachées
à un placentaire central ; feuilles stipulées.

Styles 1-3 ; étamines opposées aux pétales. . . . . . 154 RHAMNIDEÆ.
Styles 1-3 ; étamines alternatives , définies. . . . . . 155 CELASTRINEÆ.
Styles 3 ; étamines alternatives, indéfinies. . . . . . 156 ARISTOTELIACEÆ.

G. *Vochysarieœ*. — Fr. supère plurilocul. à graines peu nombreuses attachées
à un placentaire central ; stipules O ; sépale supérieur en éperon.

Style 1 ; fruit simple triloculaire. . . . . 157 VOCHYSIEÆ.
Style 1 ; fruit partible à la maturité en 3 drupes. . 158 TROPEOLINEÆ.

H. *Portularieœ*. — Fr. infère uni-pluri-loculaire ; feuilles non stipulées.

Styles plusieurs, fr. uniloculaire; placentaires centraux
libres. . . . . 159 PORTULACEÆ.
Style O ; 4-5 stigmates ; fr. pluriloculaire; placentaires
centraux ou pariétaux. . . . . 160 MESEMBRYNEÆ.

††† FRUIT UNILOCULAIRE A PLACENTAIRES PARIÉTAUX SYMMÉTRIQUES.

I. *Turnerarieœ*. — Ovaire supère sessile.

Semences chevelues. . . . . 161 TAMARISCINEÆ.
Semences nues ; étamines libres. . . . . 162 TURNERACEÆ.
Semences nues ; étamines monadelphes. . . . . 163 PAROPSIACEÆ.

K. *Passiflorarieœ*. — Ovaire supère stipité.

Fl. unisexuelles. . . . . 164 CARICACEÆ.
Fl. hermaphrodites. . . . . 165 PASSIFLORACEÆ.

L. *Cactarieœ*. — Ovaire infère.

Etamines indéfinies , pétales définis. . . . . . . 166 LOASACEÆ.
Etamines et pétales définis. . . . . 167 GROSSULARIACEÆ.
Etamines et pétales indéfinis . . . . :68 CACTIDEÆ.

Fam. 131. ESCALLONIACEÆ. — *Escalloneœ*. R. Br.
Escallonia. Anopterus. Itea.

Fam. 132. CUNONIACEÆ. R. Br.
Weinmannia. Cunonia. Callicoma. Ceratopetalum. Bauera.

Fam. 133. CRASSULACEÆ. Juss.

Trib. 1. Cotyledoneæ. *Corolle pseudomonopétale.* — Cotyledon. Pistorina. Umbilicus. Echeveria. Rochea. Bryophyllum. Kalanchoe. Grammanthes.

Trib. 2. Semperviveæ. Prodr. *Corolle polypétale.* — Crassula. Curtogyne. Globulea. Dasystemon. Septas. Buliarda. Tillæa. Diamorpha. Septas. Sedum. Sempervivum.

Fam. 134. SAXIFRAGACEÆ. Juss.

Trib. 1. Saxifrageæ. Prodr. — Saxifraga. Mitella. Tiarella. Heuchera.

Trib. 2. Adoxeæ. Prodr. — Adoxa.

Trib. 3. Chrysosplemieæ. Prodr. — Chrysosplenium.

Fam. 135. HYDRANGEACEÆ.

Hydrangea. Deutzia.

Fam. 136. PHILADELPHINEÆ. — *Philadelpheæ.* Don.

Philadelphus. Decumaria.

Fam. 137. GRANATEÆ. Don.

Punica.

Fam. 138. MYRTINEÆ. Dec.

Trib. 1. Chamælancieæ. Dec. — Calythrix. Chamælancium.

Trib. 2. Leptospermeæ. Dec. — *a.) Melaleuceæ.* Dec. — Tristania. Beaufortia. Calothamnus. Melaleuca. — *b.) Eucalypteæ.* (Euleptospermeæ. Dec.) Eucalyptus. Callistemon. Metrosideros. Leptospermum. Fabricia. Bæckea.

Trib. 3. Myrteæ. Dec. — Psidium. Jossinia. Myrtus. Myrcia. Calyptranthes. Syzygium. Caryophyllus. Acmena. Eugenia. Jambosa.

Trib. 4. Barringtonieæ. Dec. — Barringtonia. Gustavia.

Trib. 5. Lecythideæ. Rich. — Lecythis. Eschweilera. Couroupita.

Fam. 139. MEMECYLEÆ. Dec.

Memecylon. Mouriria.

Fam. 140. MELASTOMACEÆ. Don. Juss.

* Anthères à 1 ou 2 pores.

Trib. 1. Lavoisierieæ. Dec. — Meriania. Lavoisiera.

Trib. 2. Rhexieæ. Dec. — Rhexia. Spennera. Microlicia.

Trib. 3. Osbeckieæ. Dec. — Lasiandra. Chætogastra. Arthrostemma. Aciotis. Osbeckia. Melastoma. Pleroma.

Trib. 4. MICONIEÆ. Dec. — Leandra. Clidemia. Tococa. Sagræa. Conostegia. Diplochita. Miconia. Cremanium. Blakea.

* Anthères s'ouvrant par une fente longitudinale.

Trib. 5. CHARIANTHEÆ. Ser. — Charianthus.

Fam. 141. LYTHRARIACEÆ. — *Lythrarieæ*. Juss.

Trib. 1. LAGERSTROEMIEÆ. Dec. — Lagerstroemia.
Trib. 2. LYTHREÆ (SALICARIEÆ. Dec.) — Lythrum. Ammannia. Cuphea. Diplosudon. Grislea. Nesæa. Lawsonia. Acisanthera. Peplis. Suffrenia.

Fam. 142. ONAGRACEÆ. — *Onagreæ*. Juss.

Trib. 1. MONTINIEÆ. Dec. — Montinia.
Trib. 2. FUCHSIACEÆ. Comm. Bot. — Fuchsia.
Trib. 3. CIRCÆEÆ. Prodr. — Circæa. Lopezia.
Trib. 4. ONAGREÆ. Prodr. — OEnothera. Onagra. Epilobium. Clarkia.
Trib. 5. GAUREÆ. *Fr. indéhiscent oligosperme.* — Gaura.
Trib. 6. JUSSIEUEÆ. Prodr. — Jussiæa. Ludwigia. Isnardia.

Fam. 143. HALORAGIDEÆ. — *Halorageæ*. R. Br.

Spicularia. Haloragis. Cercodia. Myriophyllum.

Fam. 144. TRAPACEÆ. Prodr.

Trapa.

Fam. 145. COMBRETIDEÆ. — *Combretacearum pars*. R. Br.

Combretum. Quisqualis. Cacoucia.

Fam. 146. CALYCANTHIDEÆ. Lindl.

Calycanthus. Chimonanthus.

Fam. 147. ROSACEÆ. — *Rosacearum pars*. Juss.

Trib. 1. POMACEÆ. Juss. — a.) *Mespileæ*. Prodr. — Cratægus. Mespilus. Osteomeles. Cotoneaster. — b.) *Pyreæ*. Prodr. — Pyrus. Cydonia. Aronia. Sorbus. Raphiolepis. Photinia.
Trib. 2. ROSEÆ. Prodr. *Urcéole succulent.* — Rosa. Hulthemia.
Trib. 3. AGRIMONIACEÆ. Prodr. *Urcéole ligneux.* — Agrimonia. Aremonia. Neurada.
Trib. 4. FRAGARIACEÆ. *Calice immuable ; méricarpes indéhiscents secs.* — Fragaria. Comarum. Potentilla. Sibbaldia. Waldsteinia. Geum. Comaropsis.
Trib. 5. RUBEÆ. Prodr. *Calice immuable ; méricarpes succulents.* — Rubus. Dalibarda.
Trib. 6. SPIRÆACEÆ. Comm. Bot. — Gillenia. Spiræa. Kerria.

Fam. 148. AMYGDALINEÆ.

Trib. 1. Amygdaleæ. Armeniaca. Prunus. Cerasus. Dec. — Amygdalus.

Trib. 2. Chrysobalaneæ. R. Br. — Chrysobalanus. Hirtellia. Grangeria.

Fam. 149. LEGUMINOSÆ. Adans.

Trib. 1. Detarieæ. Dec. — Detarium.

Trib. 2. Cassieæ. Dec. — Codarium. Outea. Cercis. Bauhinia. Hymenæa. Cynometra. Copaifera. Schotia. Cassia. Tamarindus. Ceratonia. Cadia. Parkinsonia. Hæmatoxylon. Poinciana. Cæsalpinia. Coulteria. Guilandina. Gymnocladus. Gleditschia.

Trib. 3. Geoffreæ. Dec. — Geoffroya. Brownea. Arachis. Andira.

Trib. 4. Acacieæ. (Mimoseæ. R. Br.) — Acasia. Mimora. Inga. Prosopis. Adenanthera. Desmanthus. Darlingtonia. Entada.

Trib. 5. Swartzia. Dec. — Baphia. Swartzia.

Trib. 6. Dalbergieæ. Dec. — Pterocarpus. Dalbergia. Drepanocarpus. Brya.

Trib. 7. Phaseoleæ. Dec. — Rudolphia. Erythrina. Lupinus. Cajanus Mucuna. Canavalia. Lablab. Dolichos. Soja. Phaseolus. Apios. Thyrsanthus. Fagelia. Rhynchosia. Kennedya. Abrus.

Trib. 8. Vicieæ. Dec. — Orobus. Lathyrus. Pisum. Ervum. Ervilia. Vicia. Faba. Cicer.

Trib. 9. Hedysareæ. Dec. — *a.) Onobrycheæ.* Prodr. — Ebenus. Lespedeza. Onobrychis. Hedysarum. Desmodium. Uraria. Lourea. Smithia. Æschynomene. Adesmia. Stylosanthes. Zornia. — *b.) Coronilleæ.* Dec. — Securigera. Hippocrepis. Ornithopus. Astrolobium. Coronilla. Scorpiurus.

Trib. 10. Loteæ. Dec. — *a.) Astragaleæ.* — Biserrula. Guldenstædtia. Astragalus. Oxytropis. Phaca. — *b.) Galegeæ.* — Sutherlandia. Lessertia. Swainsonia. Sphærophysa. Colutea. Calophaca. Halimodendron. Caragana. Sesbania. Coursetia. Robinia. Lonchocarpus. Nissolia. Amorpha. Tephrosia. Galega. Dalea. Petalostemon. — *c.) Clitorieæ.* — Glycine. Galactia. Neurocarpum. Clitoria. Indigofera. Psoralea. — *d.) Trifolieæ.* — Tetragonolobus. Lotus. Trifolium. Melilotus. Trigonella. Medicago. — *e.) Genisteæ.* — Anthyllis. Ononis. Adenocarpus. Cytisus. Genista. Spartium. Stauracanthus. Ulex. Aspalathus. Lebeckia. Loddigesia. Viborgia. Crotalaria. Hallia. Liparia. Borbonia. Rafnia. Templetonia. Goodia. Bossiæa. Platylobium. Hovea.

Trib. 11. Sophoreæ. Dec. — Pultenæa. Gastrolobium. Euchilus. Eutaxia. Sclerothamnus. Dillwynia. Jacksonia. Gompholobium. Brachysema. Callistachys. Oxylobium. Podolobium. Chorizema. Podalyria. Baptisia. Thermopsis. Anagyris. Virgilia. Edwarsia. Sophora. Myrospermum.

Fam. 150. CONNARINEÆ. — *Connaraceæ.* R. Br.

Connarus. Omphalobium. Cnestis. Brunellia. Ailanthus.

Fam. 151. TEREBINTHACEÆ. — *Terebinthacearum pars.* Juss.

Trib. 1. SUMACHINEÆ. Dec. — Rhus. Duvaua. Schinus.
Trib. 2. ANACARDIEÆ. Dec. — Pistacia. Mangifera. Semecarpus Anacardium.
Trib. 3. AMYRIDEÆ. Kunth. — Amyris.

Fam. 152. BALSAMEACEÆ. — *Terebinthacearum pars.* Juss.

Trib. 1. BURSERACEÆ. Kunth. — Balsamea. Icica. Bursera. Canarium.
Trib. 2. SPONDIACEÆ. Kunth. — Spondias.

Fam. 153. CHAILLETIACEÆ. R. Br.

Chailletia. Leucosia. Tapura.

Fam. 154. RHAMNIDEÆ. — *Rhamneæ.* R. Br.

Zizyphus. Paliurus. Berchemia. Rhammus. Ceanothus. Pomaderris. Phylica.
Gouania. Hovenia. Ventilago.

Fam. 155. CELASTRINEÆ. — *Celastrinearum pars.* R. Br.

Trib. 1. EVONYMEÆ. Dec. — Elæodendron. Maytenus. Celastrus. Evonymus.
Trib. 2. STAPHYLEACEÆ, Dec. — Staphylea. Turpinia.

Fam. 156. ARISTOTELIACEÆ.

Aristotelia.

Fam. 157. VOCHYSIACEÆ. Mart.

Trib. 1. VOCHYSIEÆ. *Ovaire libre.* — Vochysia. Qualea. Callisthene.
Trib. 2. ERISMACEÆ. *Ovaire adhérent.* — Erisma.

Fam. 158. TROPÆOLINEÆ. — *Tropeoleæ.* Juss.

Tropæolum. Magallana.

Fam. 159. PORTULACEÆ. — *Portulacearum pars.* Juss.

Portulaca. Trianthema. Anacampseros.

Fam 160. MESEMBRYNEÆ. — *Ficoideæ.* Juss.

Mesembryum. Tetragonia. Sesuvium. Aizoon. Orygia.

Fam. 161. TAMARISCINEÆ. Desv.

Tamarix. Myricaria. Reaumuria.

Fam. 162. TURNERACEÆ. Dcc.

Turnera. Piriqueta.

Fam. 163. PAROPSIACEÆ.

Paropsia. Smeathmannia.

Fam. 164. CARICACEÆ. — *Cariceæ*. Bl. non Dmrt.

Carica.

Fam. 165. PASSIFLORACEÆ. — *Passiflorœ*. Juss.

Trib. 1. Passifloreæ. Dec. — Passiflora. Disemma. Murucuia. Tacsonia. Modecca.
Trib. 2. Malesherbieæ. Dec. — Malesherbia.

Fam. 166. LOASACEÆ. — *Loaseœ*. Juss.

Bartonia. Loasa. Blumenbachia.

Fam. 167. GROSSULARIACEÆ. Dec.

Ribes. Grossularia.

Fam. 168. CACTIDEÆ. — *Cactœe*. Dec.

Trib. 1. Rhipsalideæ. Dec. — Rhipsalis.
Trib. 2. Opuntiaceæ. Dec. — Pereskia. Opuntia. Cereus. Echinocactus. Melocactus. Mamillaria.

CL. 8. TOROPETALÆ.

ANALYSE DES FAMILLES.

† PLACENTAIRE AXILE ; FRUIT SIMPLE OU PARTIBLE.

Ordo. A. *Rutarieœ*. — Fruit gynobasique ou partible en coques bivalves.

Style multiple. . . . . 169 Euphorbiaceæ.
Plusieurs stigmates sessiles. . . . . 170 Coriarieæ.
Style simple gynobasique ; fr. à loges indéhiscentes. . 171 Ochnaceæ.
Style simple apicilaire ; loges à endocarpe élastique. . 172 Rutaceæ.

B. *Geranarieœ*. — Fr. simple plurilocul. ou partible en coques univalves ; préfl. du calice embriquée, de la cor. contournée.

Loges polyspermes ; style unique ; fl. régulière. . . 173 Zygophylleæ.

Loges polyspermes ; style multiple ; fl. régulière. . .   174 OXALIDEÆ.
Loges polyspermes ; style nul ; un éperon au petal. inf.   175 BALSAMINEÆ.
Loges monospermes en nombre égal aux sépales.   . .   176 GERANIACEÆ.
Loges monospermes en nombre double aux sépales. .   177 LINIDEÆ.

C. *Malvarieæ.* — Fr. plurilocul. ou partible en coques univalves ; préfl. du
cal. valvaire, de la cor. contournée.

Anthères uniloculaires ; étamines monadelphes.   . .   178 MALVACEÆ.
Anthères uniloculaires ; étamines pentadelphes.   . .   179 BOMBACEÆ.
Anthères biloculaires ; étamines monadelphes.   . . .   180 HERMANNIACEÆ.
Anthères biloc. ; étam. libres ; fr. pluriloc. pet. entiers.   181 TILIACEÆ.
Anthères biloc. ; étam. libres ; fr. pluriloc. pet. frangés.   182 ELÆOCARPEÆ.
Anthères biloc. ; étam. libres ; fr. biloculaire.   . . .   183 TREMANDRACEÆ.

D. *Hypericarieæ.* — Fr. simple pluriloc. ou partible en coques univalves ; préfl.
du cal. embriqué, de la corolle contournée.

Plusieurs styles ; fr. simple polysperme.   . . . . .   184 HYPERICINEÆ.
Plusieurs styles ; fr. simple oligosperme.   . . . .   185 CAMELLIACEÆ.
Plusieurs styles ; fr. partible.   . . . .   186 RHIZOBOLEÆ.
Stigmate solitaire, pelté et operculaire, ... ;   187 GUTTIFERÆ.
Stigmate unique, non operculaire ; fr. uniloc. à la
maturité.   . . . .   188 MARGRAVIACEÆ.
Stigmate unique, non operculaire ; fr. pluriloc. à la
maturité.   . . . .   189 PYROLACEÆ.
Style 1 ; stigmate trifide ; étam. monadelphes.   . .   190 CHLENACEÆ.

E. *Citrarieæ.* — Fr. simple pluriloc. ; cal. urcéolé ; cor. à préfl. marginale ;
pétales à onglets larges.

1 Style filiforme ; étam. définies ; fr. monosperme.   .   191 OLACINEÆ.
1 Style simple ; 5 étam. libres ; fr. oligosperme.   . .   192 PITTOSPOREÆ.
1 Style épais ; fr. multiloculaire polysperme.   . . .   193 AURANTIACEÆ.
1 Style simple ; fr. oligosp. ; étam. soudées en un tube.   194 MELIACEÆ.
Style nul ; étam. libres ; baie oligosperme.   . . . .   195 VITIDEÆ.

F. *Sapindarieæ.* — Fr. pluriloc. ; cal. et cor. à préfloration imbriquée ; pétales
à onglets étroits.

Etam. libres inserrées sur un disque ; fr. 3 loc. ; feuilles
alternes.   . . . .   196 SAPINDACEÆ.
Etam. libres ; fr. biloc. ; 2 samares ; feuilles opposées.   197 ACERINEÆ.
Etam. libres ou monadelphes ; fr. 3 loc.; feuilles oppo-
sées ; onglets très étroits.   . . . .   198 MALPIGHIACEÆ.
Etam. monadelphes à filets réunis en urcéole.   . . .   199 HIPPOCRATEACEÆ.
Etam. monadelphes ; pétales appendiculés.   . . .   200 ERYTHROXYLEÆ.
Etam. libres ; fruit léguminiforme.   . . . . . .   201 MORINGACEÆ.

G. *Stellarieœ*. — Fr. uniloc. ou au moins bords des valves non rentrants.

Pétales dilatés ; feuilles opposées ou verticillées. . . . 202 STELLARIACEÆ.
Pétales squamiformes ; feuilles alternes. . . . . . 203 CORRIGIOLACEÆ.
Sépales, pétales, étamines, styles, loges, en même
nombre. . . . . 204 ELATINIDEÆ.

†† PLACENTAIRES PARIÉTAUX SYMMÉTRIQUES ; FR. SIMPLE.

H. *Resedarieœ*. — Onglets des pétales en cuiller.

Fleur régulière ; calice monosépale. . . . . . . 205 FRANKENIACEÆ.
Fleur irrégulière. . . . . 206 RESEDACEÆ.
Fleur régulière ; calice à 5 sépales ; fr. trivalve. . . 207 SAUVAGESIACEÆ.
Fleur régulière ; calice à 5 sépales ; fr. quadrivalve. . 208 PARNASSIACEÆ.

I. *Cistarieœ*. — Pétales non appendiculés.

Etam. définies ; stipules nulles. . . . . . . : . 209 DROSERACEÆ.
Etam. définies ; feuilles stipulées. . . . . . . 210 VIOLACEÆ.
Etam. indéfinies ; placentaire reticulé sur la paroi in-
terne des valves. . . . . 211 FLACURTIACEÆ.
Etam. indéfinies ; placentaires longitudinaux ; sépales à
préfl. embriquée. . . . . 212 BIXACEÆ.
Etam. indéfinies ; placentaires longitudinaux ; sépales
internes à préfl. contournée. . . . . 213 CISTINEÆ.

††† PLACENTAIRES PARIÉTAUX ASYMMÉTRIQUES ; FR. MULTIPLE.

L. *Ranuncularieœ*. — Chaque méricarpe à placentaire unilatéral ; étam.
indéfinies.

Fl. herm. ; calice quinaire ou polysépale. . . . . 214 RANUNCULACEÆ.
Fl. herm. ; cal. ternaire ; feuilles stipulées. . . . 215 MAGNOLIACEÆ.
Fl. herm. ; cal. ternaire ; stipules nulles. . . . . 216 ANONACEÆ.
Fleurs unisexuelles. . . . . 217 MENISPERMACEÆ.

M. *Berberarieœ*. — Etamines définies, opposées aux pétales.

Pétales opposés aux sépales et en même nombre. . 218 BERBERIDEÆ.

†††† PLACENTAIRES INTERVALVAIRES OU ASYMMÉTRIQUES ; FR. SIMPLE.

N. *Cruciferarieœ*. — Calice à 4 sépales ; étamines à 4 ou 6.

Ovaire sur un très long pédoncule. . . . . . . 219 CAPPARIDEÆ.
Ovaire sessile ou presque sessile. . . . . 220 CRUCIFERÆ.

O. *Papaverarieœ*. — Calice à 2 sépales.

Etamines diadelphiques. . . . . 221 FUMARIACEÆ.
Etamines libres. . . . . 222 PAPAVERACEÆ.

P. *Podophyllarieœ.* — Calice à **3** ou **4** sépales ; étamines en nombre double des pétales.

Style pelté. . . . . 223 Podophylleæ.

Fam. 169. EUPHORBIACEÆ. Juss.

Trib. 1. Euphorbieæ. *Loges uniovulées ; fleurs réunies dans un involucre.* — Euphorbia. Pedilanthus. Dalechampia.

Trib. 2. Huraceæ. *Loges uniovulées ; fl. apetales munies de bractées.* — Hura. Omphalea. Hippomane. Sapium. Stillingia. Excœcaria.

Trib. 3. Acalypheæ. *Loges uniovulées ; fl. apetales sans bractées.* — Acalypha. Mercurialis. Plukenetia. Ricinus. Tragia.

Trib. 4. Crotonieæ. *Loges uniovulées ; fleurs petalées.* — Croton. Crozophora. Jatropha. Janipha. Aleurites. Siphonia.

Trib. 5. Phylantheæ. *Loges biovulées ; étamines centrales.* — Xylophylla. Phyllanthus. Cluytia. Kirganellia. Cicca. Andrachne. Briedelia.

Trib. 6. Buxineæ. Comm. Bot. *Loges biovulées ; étamines inserrées sous le rudiment du pystil.* — Buxus. Pachysandra. Securigena.

Fam. 170. CORIARIEÆ. Dec.

Coriaria.

Fam. 171. OCHNACEÆ. Dec.

Ochna. Gomphia. Walkera.

Fam. 172. RUTACEÆ. — *R. et Simarubeœ.* Dec.

Trib. 1. Simarubeæ. Adr. Juss. — Simaruba. Simaba. Quassia.

Trib. 2. Diosmeæ. Adr. Juss. — Monniera. Galipea. Evodia. Melicope. Esenbeckia. Pilocarpus. Dictamnus. Boronia. Crowea. Correa. Agathosma. Diosma. Barosma. Adenandra. Calodendron. Phebalium. Eriostemon. Ziera.

Trib. 3. Ruteæ. Adr. Juss. — Cyminosma. Ruta. Peganum.

Trib. 4. Zanthoxyleæ. Adr. Juss. — Zanthoxylum.

Fam. 173. ZYGOPHYLLEÆ. R. Br.

Trib. 1. Meliantheæ. *Cor. irrégulière.* — Melianthus.

Trib. 2. Fagonieæ. *Cor. régulière ; loges déhiscentes.* — Fagonia. Zygophyllum. Guaiacum.

Trib. 3. Balaniteæ. *Cor. rég. fr. simple indéhiscènt.* — Balanites.

Trib. 4. Tribuleæ. *Cor. régul. fruit partible.* — Cneorum. Tribulus.

Fam. 174. OXALIDEÆ. Dec.

Oxalis. Biophytum. Averrhoa.

Fam. 175. BALSAMINACEÆ. Ach. Rich.

Trib. 1. BALSAMINEÆ. Dc. — Impatiens. Balsamina.
Trib. 2. HYDROCEREÆ. Bl. — Hydrocera.

Fam. 176. — GERANIACEÆ. Juss.

Trib. 1. PELARGONIEÆ. *Sépale supérieur nectarifère.* — Pelargonium. Jenkin-sonia. Ciconlum.
Trib. 2. GERANIEÆ. *Sépale supérieur non nectarifère.* — Erodium. Geranium. Monsonia.

Fam. 177. LINIDEÆ. — *Lineœ.* Dec.

Linum. Reinwardtia. Radiola.

Fam. 178. MALVACEÆ. Juss.

Trib. 1. MALVEÆ. *Calice double.* — Malope. Malva. Kitaibelia. Althea. Lava-tera. Malachra. Urena. Pavonia. Malvaviscus. Lebretonia. Hybiscus. Gos-sypium.
Trib. 2. SIDACEÆ. — Palavia. Cristaria. Anoda. Sida. Lagunea. Abutilon.

Fam. 179. BOMBACEÆ. Kunth.

Helicteres. Myrodia. Adansonia. Carolinea. Bombax. Eriodendron. Ochrosma. Cheirostemon.

Fam. 180. HERMANNIACEÆ. Juss. (Byttneriaceæ. Kunth).

Trib. 1. STERCULIEÆ. Kunth. — Sterculia. Heriteria.
Trib. 2. BUTTNERIEÆ. Kunth. — Theobroma. Abroma. Guazuma. Commer-sonia. Rulingea. Buttneria. Ayenia. Kleinhovia.
Trib. 3. LASIOPETALÆ. Gay. — Seringia. Lasiopetalum. Thomasia.
Trib. 4. HERMANNIEÆ. Kunth. — Melochia. Riedlia. Walteria. Hermannia. Mahernia.
Trib. 5. DOMBEYACEÆ. Kunth. — Ruizia. Pentapetes. Assonia. Dombeya. Mel-hania. Pterospermum. Astrapæa. Kydia.

Fam. 181. TILIACEÆ. Juss.

Tilia. Sparmannia. Grewia. Helocarpus. Sloanea. Corchorus. Triumfetta. Heliocarpus. Apeiba. Muntingia. Gyrostemon. Berrya.

Fam. 182. ELÆOCARPEÆ. Juss.

Elæocarpus. Acceratium. Dicera. Friesia.

Fam. 183. TREMANDRÉÆ. R. Br.

Tetratheca. Tremandra.

Fam. 184. HYPERICINEÆ. Juss.

Trib. 1. HYPERICEÆ. *Semences non ailées.* — Hypericum. Androsœmum. Elodes. Ascyrum.

Trib. 2. CARPODONTEÆ. *Semences ailées.* — Carpodontos. Eucryphia.

Fam. 185. CAMELLIACEÆ.

Trib. 1. TERNSTROMIEÆ. Mirb. — Temstromia. Cleyera. Freziera. Eurya. Lettosomia. Saurauja. Cochlospermum. Malachodendron. Stuartia. Gordonia. Polyspora.

Trib. 2. CAMELLIEÆ. Dec. — Camellia. Thea.

Fam. 186. RHIZOBOLEÆ. Dec.

Caryocar.

Fam. 187. GUTTIFERÆ. Juss.

Trib. 1. CLUSIEÆ. Dec. — Clusia. Havetia.

Trib. 2. GARCINIEÆ. Dec. — Micranthera. Garcinia.

Trib. 3. CALOPHYLLEÆ. Dec. — Mammea. Xanthochysmus. Calophyllum. Pentadesma.

Trib. 4. CANELLEÆ. (*Symphonieœ*. Dec.) — Canella.

Fam. 188. MARCGRAVIACEÆ. Juss.

Trib. 1. MARCGRAVIEÆ. Dec. — Antholoma. Marcgravia.

Trib. 2. NORANTHEÆ. Dec. — Noranthea. Ruyschia.

Fam. 189. PYROLACEÆ. Prodr.

Trib. 1. MONOTROPEÆ. *Pétales cucullés à la base.* — Monotropa.

Trib. 2. PYROLEÆ. *Pétales non cucullés.* — Pyrola. Chimophila.

Fam. 190. CHLENACEÆ. Pet. Th.

Sarcolæna. Leptolæna.

Fam. 191. OLACINEÆ. Mirb.

Trib. 1. FISSILIEÆ. *Étam. en même nombre que les pétales.* — Olax. Spermaxyrum. Fissilia.

Trib. 2. HERITERIEÆ. *Étam. en nombre double des pétales.* — Heriteria. Ximenia.

Fam. 192. PITTOSPOREÆ. R. Br.

Billardiera. Pittosporum. Bursaria. Senacia.

Fam. 193. AURANTIACEÆ. Corr.

Citrus. Atalantia. Triphasia. Limonia. Cookia. Murraya. Aglaia. Bergera. Clausenia. Glycosmis. Feronia.

Fam. 194. MELIACEÆ. Juss.

Trib. 1. MELIEÆ. Dec. — Turræa. Quivisia. Sandoricum. Melia.
Trib. 2. TRICHILIEÆ. Dec. — Trichilia. Ekebergia. Guaria. Heynea.
Trib. 3. CEDRELEÆ. Dec. — Cedrela. Swietenia. Chloroxylon. Flindersia. Carapa.

Fam. 195. VITIDEÆ. — *Vites.* Juss.

Cissus. Ampelopsis. Vitis.

Fam. 196. SAPINDACEÆ. Juss.

Trib. 1. DODONÆACEÆ. Dec. — Dodonea. Koelreuteria.
Trib. 2. SAPINDEÆ. Dec. — Melicocca. Cossignia. Molinæa. Cupania. Euphoria. Schmidelia. Matayba. Bligia. Sapindus.
Trib. 3. PAULLINIEÆ. Dec. — Cardiospermum. Paullinia. Seriana.

Fam. 197. ACERINEÆ. Dec.

Acer. Negundo.

Fam. 198. MALPIGHIACEÆ. Juss.

Trib. 1. BANISTERIEÆ. Dec. — Heteropteris. Banisteria. Tetrapteris. Triopteris. Hiræa.
Trib. 2. HIPTAGEÆ. Dec. — Hyptage. Gaudichaudia. Camarea.
Trib. 3. MALPIGIEÆ. Dec. — Bunchosia. Byrsonima. Malpighia.
Trib. 4. HYPPOCASTANEÆ. — Æsculus. Pavia.

Fam. 199. HIPPOCRATEACEÆ. Kunth.

Hippocratea. Anthodon. Johnia.

Fam. 200. ERYTHROXYLEÆ. Kunth.

Erythroxylum. Sethia.

Fam. 201. MORINGACEÆ. — *Moringeæ.* R. Br.

Moringa.

Fam. 202. STELLARIACEÆ. Prodr. — *Caryophylleæ*. Juss.

Trib. 1. DIANTHEÆ. *Calice monosépale caliculé ; embryon axile.* — Dianthus.

Trib. 2. SILENEÆ. *Calice monosépale non caliculé ; embryon périspermique.* — Silene. Gypsophila. Saponaria. Cucubalus. Lychnis. Agrostemma. Velezia. Drypis.

Trib. 3. ALSINEÆ. *Calice polysépale ; feuilles non stipulées.* — Ortegia. Buffonia. Gouffeia. Sagina. Moenchia. Moehringia. Holosteum. Larbræa. Myosanthus. Alsine. Drymaria. Stellaria. Arenaria. Cerastium. Cherleria. Phaloe. Mollugo.

Trib. 4. SPERGULEÆ. Prodr. *Feuilles stipulées.* — Spergula. Delia. Buda. Pollichia. Polycarpon. Ortegia. Mollia.

Fam. 203. CORRIGIOLACEÆ. — *Corrigioleæ*. Prodr.

Corrigiola. Telephium.

Fam. 204. ELATINIDEÆ. — *Elatineæ*. Prodr.

Elatine. Bergia.

Fam. 205. FRANKENIACEÆ. St. Hill.

Frankenia. Beatsonia. Luxemburgia.

Fam. 206. RESEDACEÆ. Dec.

Reseda. Astrocarpa.

Fam. 207. SAUVAGESIACEÆ. — *Violaceæ sauvagesieæ*. Dec.

Sauvagesia.

Fam. 208. PARNASSIACEÆ.

Parnassia.

Fam. 209. DROSERACEÆ. Dec.

Drosera. Aldrovanda. Byblis. Drosophyllum.

Fam. 210. VIOLACEÆ. — *Violarieæ*. Dec.

Trib. 1. VIOLEÆ. Dec. — Calyptrion. Viola. Noisettea. Solea. Pombalia. Jonidium.

Trib. 2. ALSODINEÆ. R. Br. — Alsodeia. Ceranthera.

Fam. 211. FLACURTIACEÆ. — *Flacourtianeæ*. Rich.

Trib. 1. PATRISIEÆ. Dec. — Ryanæa. Patrisia.

Trib. 2. KIGGELARIEÆ. Dec. — Kiggelaria. Melicytus.

7

Trib. 3. FLACOURTIEÆ. Dec. — Flacourtia. Roumea.
Trib. 4. ERYTHROSPERMEÆ. Dec. — Erythrospermum.

Fam. 212. BIXACEÆ. — *Bixineæ*. Kunth.

Bixa. Lætia. Prockia. Ludia.

Fam. 213. CISTINEÆ. Dec. — *Cisti.* Juss.

Cistus. Helianthemum. Hudsonia. Lechea.

Fam. 214. RANUNCULACEÆ. — *R. et Dilleniaceæ*. Dec.

Trib. 1. CLEMATIDEÆ. Dec. — Clematis. Atragene. Naravelia.
Trib. 2. ANEMONEÆ. Dec. — Thalictrum. Pulsatilla. Anemone. Hepatica.
Hydrastis. Knowltonia. Adonis.
Trib. 3. RANUNCULEÆ. Dec. — Myosurus. Ceratocephalus. Ranunculus. Batra-
chium. Ficaria.
Trib. 4. HELLEBOREÆ. Dec. — Caltha. Trollius. Eranthus. Helleborus. Coptis.
Isopyrum. Garidella. Nigella. Aquilegia. Delphinium. Aconitum.
Trib. 5. PÆONIACEÆ. Dec. — Actea. Cimifuga. Xanthorhiza. Pæonia.
Trib. 6. DELIMACEÆ. Dec. — Tetracera. Doliocarpus. Delima. Curatella.
Trib. 7. DILLENIACEÆ. — Pleurandra. Hibbertia. Wormia. Colbertia. Dillenia.

Fam. 215. MAGNOLIACEÆ. Dec.

Trib. 1. ILLICIEÆ. Dec. — Illicium. Drymis.
Trib. 2. MAGNOLIEÆ. Dec. — Michelia. Magnolia. Lyriodendron.

Fam. 216. ANONACEÆ. Juss.

Anona. Monodora. Asimina. Uvaria. Unona. Artabotrys. Xylopia. Guatteria.

Fam. 217. MENISPERMIDEÆ. Juss.

Trib. 1. LARDIZABALEÆ. Dec. — Lardizabala.
Trib. 2. MENISPERMEÆ. Dec. — Menispermum. Cocculus. Coscinium. Cissam-
pelos. Weulandia.
Trib. 3. SCHIZANDREÆ. Dec. — Schizandra.

Fam. 218. BERBERIDEÆ. Juss.

Trib. 1. MAHONIEÆ. *Fr. baccien.* — Berberis. Mahonia. Nandina.
Trib. 2. EPIMEDIEÆ. Prodr. *Fr. capsulaire.* — Leontice. Epimedium.

Fam. 219. CAPPARIDEÆ. Juss.

Trib. 1. Cappareæ. Dec. — Capparis. Stephania. Boscia. Niebuhria. Cratæva.
Trib. 2. Cleomeæ. Dec. — Polanisia. Cleome. Gynandropsis. Peritoma.

Fam. 220. CRUCIFERÆ. Juss.

Série I. Siliquosæ. — Fruit en silique.

Trib. 1. Cardamineæ. Prod. *Cotylédons planes ; valves écarinées.* — Dentaria. Pteroneurum. Cardamine. Arabis. Braya. Turritis. Sisymbryum. Nasturtium. Malcomia. Mathiola. Leptocarpæa. Stevenia. Heliophila.
Trib. 2. Erysimeæ. Prodr. *Cotylédons planes ; valves écarinées.* — Hesperis. Alliaria. Erysimum. Barbaræa. Cheirina. Cheiranthus. Conringia. Notoceras.
Trib. 3. Brassiceæ. Prodr. *Cotylédons condupliqués.* — Moricandia. Sinapis. Diplotaxis. Brassica. Eruca.

Série. II. Siliquastræ. — Fr. rabougri , indéhiscent.

Trib. 4. Raphanistreæ. Prodr. Fr. *Siliquiforme ou lomentacé.* — Raphanus. Cakile. Rapistrum. Chorispora.
Trib. 5. Buniadeæ. Prodr. *Fruit globuleux.* — Crambe. Bunias. Neslia. Calepina.
Trib. 6. Isatideæ. Prodr. *Fr. dilaté transversalement.* — Isatis. Myagrum.

Série III. Siliculosæ. — Fruit siliculeux.

Trib. 7. Lunarieæ. Prodr. *Silicule à valves écarinées.* — Camelina. Cochlearia. Draba. Erophila. Subularia. Alyssum. Berteroa. Lunaria. Ricotia. Clypeola. Farsetia. Aubrietia. Vesicaria. Meniocus. Peltaria. Vella. Carichtera.
Trib. 8. Biscutelleæ. Prodr. *Silicule à valves carinées.* — Thlaspi. Capsella. Lepidium. Cardaria. Iberis. Teesdalia. Hutchinsia. Senebiera. Biscutella. Megacarpæa. Menonvillea. Bivonæa. Eunomia. Æthionema.

Fam. 221. FUMARIACEÆ. Dec.

Trib. 1. Fumarieæ. *Noix indéhiscente.* — Fumaria. Sarcocapnos.
Trib. 2. Corydalideæ. *Silique déhiscente ; fl. à un seul éperon.* — Corydalis. Capnites. Cysticapnos.
Trib. 3. Diclytreæ. *Silique déhiscente ; fl. à deux éperons.* — Diclytra. Adlumia.

Fam. 222. PAPAVERINEÆ. Juss.

Trib. 1. Hypecoeæ. Prodr. *Étamines définies; silique articulée.* — Hypecoum.

Trib. 2. CHELEDONIEÆ. Prodr. *Étamines indéfinies ; fruit siliqueux.* — Cheli-
donium. Glaucium. Roemeria. Bocconia. Sanguinaria. Escholtzia.
Trib. 3. PAPAVEREÆ. Prodr. *Étamines indéfinies ; fruit capsulaire.* — Meco-
nopsis. Argemone. Papaver.

Fam. 223. PODOPHYLLEÆ.

Podophyllum. Jeffersonia.

Ord. 2. EXOXYLÆ.

Subord. 4. TEPALANTHÆ.

Cl. 9. TOROTEPALÆ.

ANALYSE DES FAMILLES.

Ordo. **A.** *Nymphœarieœ.* — Stigmate pelté.

B. *Paridarieœ.* — Stigmates non peltés.

Fam. 224. SARRACENIACEÆ. — *Sarraceniœ.* Lapyl.

Sarracenia.

Fam. 225. NYMPHEACEÆ. — *Nympheacearum pars.* Dec.

Nuphar. Nymphæa. Euryale.

Fam. 226. NELUMBONEÆ. Dec.

Nelumbo.

Fam. 227. HYDROPELTIDEÆ. Comm. Bot.

Calomba. Hydropeltis.

Fam. 228. PARIDEÆ. Prodr.

Paris. Trillium. Gyromia.

Fam. 229. CALOCORTHINEÆ.

Calocorthus.

Fam. 230. PHYLESIACEÆ.

Phylesia. Callixene.

CL. 10. CALYTEPALÆ.

ANALYSE DES FAMILLES.

Ordo. A. *Hydrochariæ.* — Ovaire infère; fruit succulent; fleurs sortant d'une
spathe.

Fruit pluriloculaire; graines nidulantes. . . : . 231 HYDROCHARIDEÆ.
Fruit uniloculaire; graines nidul.; spathes uniflores. 232 ELODEACEÆ.
Fruit uniloculaire; graines pariétales; spathe mâle
multiflore. . . . . 233 VALLISNERIACEÆ.

B. *Alismariæ.* — Ovaire supère; fruit multiple.

Plusieurs ovaires. . . . . 234 ALISMACEÆ.

C. *Bromeliariæ.* — Ovaire infère ou supère; fruit simple; pétales rapprochés.

Calice trisépale; pétales allongés. . . . . . . 235 BROMELIACEÆ.
Calice tubuleux tricariné; pétales très petits. . . . 236 TRIPTERELLEÆ.

D. *Commelinariæ.* — Ovaire supère; fruit déhiscent; pétales étalés.

Calice glumacé; style trifide; fruit oligosperme. . . 237 ERIOCAULEÆ.
Calice glumacé; style trifide; fruit polysperme. . . 238 XYRIDEÆ.
Calice trisépale; stigmate simple; fruit oligosperme. 239 COMMELINACEÆ.
Calice tubulaire; stigmate simple; ovaire triovulé;
utricule monosperme. . . . . 240 DASYPOGONEÆ.

E. *Palmariæ.* — Ovaire supère; fruit drupacé ou baccien.

Fleurs hermaphrodites ou polygames; tige arborescente. 241 PALMÆ.

Fam. 231. HYDROCHARIDEÆ. — *Hydrocharidearum pars.* Juss.

Trib. 1. LIMNOBIEÆ. *Fruit globuleux.* — Hydrocharis. Limnobium. Ottelia.
Trib. 2. STRATIOTEÆ. *Fruit anguleux.* — Stratiotes. Enhalus.

Fam. 232. ELODEACEÆ.

Elodea. Anacharis. Hydrilla.

Fam. 233. VALLISNERIACEÆ. — *Hydrocharideæ vallisnerieæ.* Prodr.

Vallisneria. Blyxa.

Fam. 234. ALISMACEÆ. Prodr.

Trib. 1. SAGITTARIEÆ. Prodr. *Etamines indéfinies.* — Sagittaria.
Trib. 2. ALISMEÆ. Prodr. *Etamines définies , fr. indéhiscent.* — Alisma. Damasonium.
Trib. 3. BUTOMEÆ. Prodr. *Etamines définies ; fr. déhiscent.* — Butomus. Limnocharis. Hydrocleis.

Fam. 235. — BROMELIACEÆ. — *Bromeliacearum pars.* Juss.

Trib. 1. BROMELIEÆ. *Ovaire infère.* — Bromelia. Ananas. Bilbergia. Æchmea.
Trib. 2. TILLANDSIEÆ. *Ovaire supère.* — Tillandsia. Pitcarnia. Bonapartea. Guzmannia. Pourretia.

Fam. 236. TRIPTERELLEÆ.

Burmannia. Tripterella. Maburnia.

Fam. 237. ERIOCAULEÆ. — *Restiaceæ eriocauleæ.* Kunth.

Eriocaulon.

Fam. 238. XYRIDEÆ. — *Restiaceæ xyrideæ.* Kunth.

Xyris. Abolboda. Iohnsonia.

Fam. 239. COMMELINACEÆ. R. Br.

Trib. 1. COMMELINEÆ. *Fl. munies de bractées* — Commelina. Campelia. Tradescantia. Cartonema. Cyanotis.
Trib. 2. DICHORISANDREÆ. *Fl. sans bractées.* — Dichorisandra. Callisia. Aneilema.

Fam. 240. DASYPOGONEÆ.

Dasypogon. Calectasia.

Fam. 241. PALMÆ. Juss.

Trib. 1. SABALINEÆ. Mart. — Chamædorea. Sabal. Thrinax. Licuala.
Trib. 2. CORYPHINEÆ. Mart. — Morenia. Rhaphis. Chamærops. Livistona. Corypha. Phœnix.
Trib. 3. LEPIDOCARYEÆ. Mart. — Lepidocaryum. Mauritia. Sagus. Calamns. Nipa.
Trib. 4. BORASSEÆ. Mart. — Borassus. Lodoicea. Latania. Hyphæne.

Trib. 5. Arecineæ. Mart. — Leopoldinia. Geonema. Psychosperma. Areca. Kuntia. OEnocarpus. Euterpe. Seaforthia. Wallichia. Caryota.

Trib. 6. Cocoineæ. Mart. — Elæis. Bactris. Guilielma. Martinezia. Elate. Arenga.

CL. 11. GYNOTEPALÆ.

ANALYSE DES FAMILLES.

Ordo. A *Cannarieæ*. — Etamines non adhérentes au style.

Six étamines. . . . . 242 Musaceæ.
Une seule étamine à anthère uniloculaire. . . . . 243 Cannaceæ.
Une seule étamine à anthère biloculaire. . . . . 244 Curcumaceæ.

B. *Orchidarieæ*. — Etamines séniles sur le style.

Fleur irrégulière ; petale inférieur labelliforme. . . 245 Orchideæ.

Fam. 242. MUSACEÆ. — *Musæ*. Juss.

Musa. Ravenala. Strelitzia. Heliconia.

Fam. 243. CANNACEÆ. — *Canneæ*. R. Br.

Canna. Phrynium. Thalia. Marantha. Calathea.

Fam. 244. CURCUMACEÆ. — *Scitamineæ*. R. Br.

Globba. Mantisia. Curcuma. Kœmpferia. Roscœa. Zingiber. Amomum. Costus. Alpinia. Hellenia. Gethyra. Elettaria. Hedychium.

Fam. 245. ORCHIDEÆ. Juss.

Trib. 1. Ophrydeæ. Lindl. — Orchis. Anacamptis. Nigritella. Aceras. Loroglossum. Ophrys. Serapias. Disa. Habenaria. Gymnadenia. Bonatea. Platanthera. Chamorchis. Herminium. Pterigodium. Disperis. Satyrium. Bartholinia. Corycium. Glossula.

Trib. 2. Gastrodieæ. Lindl. — Gastrodium. Epipogium. Prescotia. Vanilla.

Trib. 3. Arethuseæ. Lindl. — Arethusa. Limodorum. Bletia. Vanilla. Epistephium. Pogonia. Eriochilus. Pterostylis. Glossodia. Liperanthus. Caladenia. Chiloglottis. Cyrtostylis. Corysanthes. Microtis. Epipactis. Corallorhiza. Calopogon. Cephalanthera.

Trib. 4. Neottieæ. Lindl. — Pelexia. Goodyera. Calochilus. Ponthieva. Prasophyllum. Cryptostylis. Orthoceras. Diuris. Thelymetra. Neottia. Listera. Gyrostachys.

Trib. 5. VANDEÆ. Lindl. — Calanthe. Octomeria. Maxillaria. Camaridium. Ornithidium. Ornithocephalus. Aerides. Vanda. Sarcanthus. Aeranthes. Cryptopus. Cymbidium. Lissochilus. Oncidium. 'Macradenia. Brassia. Cyrtopodium. Anguloa. Catasetum. Xylobium. Trizeuxis. Megaclinium. Gongora. Rodrigueza. Gomeza. Geodorum. Cirrhæa. Dipodium. Polystachya. Cryptarrhena. Eulophia. Pholidota.

Trib. 6. EPIDENDREÆ. Lindl. — Brassavola. Epidendrum. Cattleya. Isochilus. Broughtonia.

Trib. 7. MALAXIDEÆ. Lindl. — Angræcum. Dendrobium. Coelogyne. Malaxis. Liparis. Calypso. Microstylis. Stelis. Pleurothallis. Eria. Anisopetalum. Tribachia.

Trib. 8. CYPRIPEDIEÆ. Lindl. — Cypripedium.

SUBORD. 5. CHLAMYDANTHÆ.

CL. 12. GYNOCHLAMYDÆ.

ANALYSE DES FAMILLES.

ORDO. A. *Iridarieæ*. — Fl. hermaphrodites ; 3 stigmates souvent lamelliformes.

Fr. simple ; 3 étamines ; périgone caduc. . . . . 246 IRIDEÆ.
Fr. simple ; 6 étamines ; périgone caduc. . . . . 247 ALSTRŒMERINEÆ.
Fr. simple ; 6 étamines ; périgone persistant. . . . 248 HYPOXIDEÆ.
Capsule tripartible. . . . . 249 CAMPYNEMATEÆ.

B. *Narcissarieæ*. — Fl. hermaphrodites ; stigmate indivise tronqué.

Spathe terminale ; étamines insérrée sur le périgone. . 250 NARCISSINEÆ.
Spathe terminale ; étamines épigynes. . . . . . . 251 LEUCOÏDEÆ.
Spathe nulle ; anthères nues. . . . . 252 AGAVINEÆ.

C. *Taccarieæ*. — Fl. hermaphrodites ; étamines capuchonnées.

Spathe nulle ; anthères capuchonnées. . . . . . 253 TACCACEÆ.

D. *Tamarieæ*. — Fleurs unisexuelles dioiques.

Fruit capsulaire. . . . . 254 DIOSCORIDEÆ.
Fruit succulent. . . . . 255 TAMINEÆ.

Fam. 246. IRIDEÆ.

Trib. 1. FERRARIEÆ. *Etamines monadelphes*. — Ferraria. Tigrida. Vieusseuxia. Patersonia. Sisyrinchium. Galaxia.

8

Trib. 2. Morææceæ. *Etam. libres ; corolle irrégulière non ringente.* — Iris. Moræa. Marica. Bobartia. Pardanthus. Tinautia. (Cyphella. Herb. non Fr.) Homeria. Renealmia.

Trib. 3. Gladioleæ. Prodr. *Etam. libres; corolle ringente ; Etam. ascendentes.* — Gladiolus. Antholiza. Tritonia. Watzonia. Diasia. Lapeyrousia. Diplarrhena. Anisanthus. Synnotia.

Trib. 4. Ixieæ. *Etamines libres, corolle régulière ; spathe bivalve.* — Ixia. Babiana. Aristea. Witsenia. Hesperantha. Anomatheca. Geissorhiza. Sparaxis. Diasia. Babiana. Trichonema.

Trib. 5. Crocineæ. *Etamines libres, corolle régulière, spathe monophylle ; feuilles non distiques.* — Crocus.

Fam. 247. ALSTROEMERIACEÆ.

Alstrœmeria.

Fam. 248. HYPOXIDEÆ. R. Br.

Trib. 1. Curculigineæ. *Fruit sec.* — Hypoxis. Curculigo.
Trib. 2. Gethyllideæ. *Fruit succulent.* — Gethyllis.

Fam. 249. CAMPYNEMACEÆ.

Campynema.

Fam. 250. NARCISSINEÆ.

Trib. 1. Amaryllideæ. *Couronne nulle;* — Amaryllis. Sternbergia. Valota. Nerine. Cyrtanthus. Gastronema. Griffinia. Brunswigia. Zephyranthes. Habrantus. Sturmaria. Phycella. Hæmanthus. Crinum.

Trib. 2. Pancratieæ. *Couronne staminifère.* — Pancratium. Calostemma. Cearia. Ismene. Chrysiphiala.

Trib. 3. Narcisseæ. *Couronne libre.* — Narcissus.

Fam. 251. LEUCOIDEÆ. Batsch.

Leucoium. Galanthus. Strumaria.

Fam. 252. AGAVINEÆ.

Trib. 1. Hemodoraceæ. R. Br. *Feuilles équitantes.* — Hæmodorum. Conostylis. Anigozanthos. Phlebocarya. Barbacenia. Vellosia. Dilatris. Lanaria. Heriteria.

Trib. 2. Agaveaceæ. *Feuilles non équitantes ; périgone persistant.* — Agave. Littlea. Furcræa.

Trib. 3. Doryantheæ. *Feuilles non équitantes; périgone caduc.* — Doryanthes.

Fam. 253. TACCEÆ. — *Aroïdeæ taccaceæ.* Sw.

Tacca.

Fam. 254. DIOSCORIDEÆ. R. Br.

Dioscorea. Rajania. Testudinaria.

Fam. 255. TAMINEÆ.

Tamus.

CL. 13. TOROCHLAMYDÆ.

ANALYSE DES FAMILLES.

† PÉRIGONE COROLLOIDE.

ORDO. A. *Liliarieæ.* — Périgone corolloide; fruit impartible; un seul style.

Fruit succulent. . . . . 256 ASPARAGINEÆ.
Fruit sec; spathe nulle; 3 stigmates filiformes. . . 257 FLAGELLARIACEÆ.
Fruit sec; spathe nulle ou pluriflore; 6 étamines. . . 258 LILIACEÆ.
Fruit sec; spathe nulle; 3 étamines. . . . . . . 259 XIPHIDEÆ.
Fruit sec; spathe univalve à chaque fleur. . . . . 260 PONTEDERIACEÆ.

B. *Colchicarieæ.* — Périgone corolloide; trois styles; fr. tripartible.

Fleurs naissant d'une spathe univalve. . . . . . 261 COLCHICINEÆ.

†† PÉRIGONE MEMBRANEUX.

C. *Veratrarieæ.* — Fruit partible.

12 Etamines, 6 styles. . . . . 262 CEPHALOTEÆ.
6 Etamines, 3 styles. . . . . 263 VERATRINEÆ.
6 Etamines, 3 stigmates sessiles. . . . . 264 TRIGLOCHINEÆ.

D. *Astelarieæ.* — Fr. simple succulent à placentaires pariétaux.

6 Etamines, 3 stigmates sessiles. . . . . 265 ASTELIACEÆ.

E. *Potamogetarieæ.* — Fruit multiple.

Fleurs en épi. . . . . 266 POTAMOGETONEÆ.
Fleurs solitaires. . . . . 267 ZANICHELLIACEÆ.

F. *Nayarieæ.* — Fruit simple, indéhiscent; périgone spathoide.

Styles distincts, anthères sessiles. . . . . . . 268 NAYADEÆ.
Style nul; anthères stipitées, libres. . . . . . . 269 LEMNACEÆ.
Stigmate pelté; étamine gynandre. . . . . . . 270 PISTIACEÆ.

G. *Marathrarieœ.* — Fr. simple, déhiscent, bivalve, biloculaire.

2 Styles. . . . . 271 Marathrineæ.

H. *Juncarieœ.* — Fr. simple, déhiscent, trivalve, uni-tri-loculaire.

Spathe et spadix O; test des graines crustaeé. . . . 272 Xanthorhæaceæ.
Spathe et spadix O; test des graines non crustacé. . 273 Juncineæ.
Fleurs enveloppées par une large spathe bivalve. . . 274 Rapateaceæ.
Spathes univalves. . . . . 275 Restioneæ.

Fam. 256. ASPARAGINEÆ. Juss.

Trib. 1. Smilacineæ. *Périgone 6parti; filaments subulés, stigmate trifide.* — Smilax. Ripogonum. Myrsiphyllum. Uvularia.

Trib. 2. Maianthemeæ. *Périgone sexparti; filaments subulés; stigmate simple.* — Maianthemum. Smilacina. Drymophila. Dianella.

Trib. 3. Ruscineæ. *Périgone sexparti; filaments monadelphes; stigmate sessile.* — Ruscus.

Trib. 4. Asparageæ. *Périgone 6denté; filaments libres; style trifide.* — Asparagus. Lomatophyllum.

Trib. 5. Draceneæ. *Périgone 6denté; filaments monadelphes; style trifide.* — Dracæna.

Trib. 6. Convallarieæ. *Périgone 6denté; style simple.* — Convallaria. Polygonatum. Streptopus.

Fam. 257. FLAGELLARIACEÆ.

Trib. 1. Flagellarieæ. *Style nul.* — Flagellaria.
Trib. 2. Methoniceæ. *Style allongé.* — Gloriosa.

Fam. 258. LILIACEÆ. Vent.

* Spathe nulle.

Trib. 1. Tulipaceæ. *Style nul; 3 stigmates sessiles.* — Tulipa. Yucca.

Trib. 2. Lilieæ. *Style allongé en massue à stigmate trifide; cor. polypétale.* — Lilium. Fritillaria. Erythronium.

Trib. 3. Asphodeleæ. *Style atténué en pointe; cor. polypétale.* — Asphodelus. Eremurus. Czackia. Phalangium. Anthericum. Arthropodium. Scilla. Endymion. Cyanella. Eucomis. Albuca. Ornithogalum. Raphelingia. Gagea. Drimia. Stypandra. Tricoryne. Eriospermum. Thysanotus.

Trib. 4. Hemerocallideæ. *Style allongé; corolle monopétale; étamines déclinées.* — Hemerocallis. Libertia. Funckia. Blandfordia.

Trib. 5. Hyacintheæ. — *Style atténué; corolle monopétale; étamines droites.* — Hyacinthus. Lachenalia. Muscari. Aletris. Polyanthes. Veltheimia. Tritoma. Millæa. Uropetalum. Massonia. Aloe. Pachydendron. Gasteria. Haworthia. Apicra. Phormium.

** Fleurs naissant d'une spathe commune.

Trib. 6. Agapantheæ. — *Fleurs spathacées ; cor. monopétale.* — Agapanthus.
Trib. 7. Alliaceæ. — *Fleurs spathacées ; corolle polypétale.* — Allium.
Sowerbæa. Laxmannia. Tulbagia.

Fam. 259. XIPHINEÆ.

Trib. 1. Xiphideæ. *Corolle égale.* — Xiphium.
Trib. 2. Wachendorfiaceæ. *Corolle testudinée.* — Wachendorfia.

Fam. 260. PONTEDERIACEÆ. Kunth.

Trib. 1. Pontederieæ. *Capsule triloculaire.* — Pontederiea. Heteranthera.
Trib. 2. Leptantheæ. *Capsule uniloculaire.* — Leptanthus.

Fam. 261. COLCHICINEÆ. Prodr.

Colchicum. Merendera. Bulbocodium.

Fam. 262. CEPHALOTEÆ.

Cephalotus.

Fam. 263. VERATRINEÆ. — *Melanthideæ.* Prodr.

Veratrum. Melanthium. Tofieldia. Zigadenus. Helonias. Wurmbea. Xerophyl-
lum. Leimanthium. Chamælirium. Nolina. Androcymbium. Ornithoglossum.
Anguillaria. Schelhammera. Burchardia.

Fam. 264. TRIGLOCHINEÆ. Prodr.

Triglochin. Scheuchzeria.

Fam. 265. ASTELIACEÆ.

Astelia.

Fam. 266. POTAMOGETONEÆ.

Potamogeton. Ruppia.

Fam. 267. ZANNICHELLIACEÆ.

Zannichellia.

Fam. 268. NAIADEÆ. Prodr.

Trib. 1. Ceratophylleæ. Prodr. *Fl. male polyandre.* — Ceratophyllum.
Trib. 2. Naxeæ. Prodr. *Fl. male monandre.* — Nayas. Hyas. (Caulinia).

Fam. 269. LEMNACEÆ. Comm. Bot.

Lemna.

Fam. 270. PISTIACEÆ. — *Aroideæ pistiaceæ*. Rich.

Pistia.

Fam. 271. MARATHRINÉÆ. — *Podostemoneæ*. Rich.

Trib. 1. PODOSTEMONEÆ. *Etamines sur un pédoncule commun.* — Podoste-
mon. Crenias.

Trib. 2. MARATHREÆ. *Etamines portées sur le receptacle.* — Marathrum.

Fam. 272. XANTHORHÆACEÆ.

Xanthorhæa. Johnsonia. Baumgartenia.

Fam. 273. JUNCINÉÆ.

Trib. 1. JUNCEÆ. *Graines arrondies.* — Juncus. Cephaloxis. Luzula.

Trib. 2. ABAMEÆ. *Arille fusiforme.* — Abama.

Fam. 274. RAPATEACEÆ.

Rapatea.

Fam. 275. RESTIONEÆ. Kunth.

Restio. Willdenovia. Thamnochortus. Chætanthus. Leptanthus. Hypolæna.
Eligia. Lepyrodia. Anarthria. Calopsis. Lygnia.

SUBORD. 6. SPATHANTHÆ.

CL. 14. ACHNOSPATHÆ.

ANALYSE DES FAMILLES.

ORDO. A. *Phylidrarieæ.* — Fruit déhiscent.

B. *Graminarieæ.* — Fruit indéhiscent.

Fam. 276. DEVAUXIACEÆ. — *Restiaceæ centrolepideæ.* Kunth.

Devauxia. Alephia. Alepyrum.

Fam. 277. PHYLIDRINEÆ.

Phylidrum.

Fam. 278. GRAMINEÆ.

Série I. Scobiflore. Agrost. — Fleurs inserrées sur une scobine ou axe de la
locuste.

Trib. 1. Triticeæ. Agrost. *Rachis articulé ; locustes sur les dents du rachis.*
— *a.) Hordeaceæ.* Agrost. *Plusieurs locustes à chaque dent du rachis.* —
Gymnostichum. Elymus. Hordeum. — *b.) Frumentaceæ.* Agrost. *Locustes
solitaires, scobine épaissie à sa base.* — Secale. Triticum. Ægilops. —
c.) Loliaceæ. Agrost. *Locustes solitaires, scobine filiforme.* — Agropyron.
Brachypodium. Lolium. Desmazeria.
Trib. 2. Bambusaceæ. Kunth. *Locustes paniculées nues sétigère, style unique.*
— Bambusa. Nastus. Diarrhena. Arundinaria.
Trib. 3. Bromaceæ. (Festuceæ et bromaceæ Agrost.) *Locustes nues, paillette
extérieure terminée par une ou plusieurs soies, plusieurs styles.* —
Schedonorus. Festuca. Vulpia. Bromus. Michelaria. Calotheca. Koeleria.
Dactylis. Sesleria. Streptogyna. — *b.) Pappophoreæ. Plus de 3 soies.* —
Pappophorum. Enneapogon. Echinaria.
Trib. 4. Cynosureæ. Prodr. *Locustes involucrées.* — Cynosurus. Phalona.
Chrysurus. Elythrophorus.
Trib. 5. Poaceæ. Prodr. *Locustes nues sans soie ni arêtes.* — *a.) Poeæ.
Locustes paniculées.* — Glyceria. Enodium. Melica. Centotheca. Triodia.
Uralepis. Briza. Eragrostis. Poa. Uniola. Airopsis. — *b.) Eleusineæ.
Locustes digitées.* — Sclerochloa. Eleusine. Dactylotenium. Leptochloa.
Trib. 6. Avenaceæ. Prodr. *Locustes munies d'une arête.* — Deschampsia.
Toresia. Aira. Corynephorus. Trisetum. Avena. Arrhenatherum. Holcus.
Hierochloe. Danthonia. Pommereulla. Gaudinia.
Trib. 7. Arundinaceæ. Prodr. *Paléole inférieure garnie d'un involucre de
longues soies.* — Arundo. Donax. Gynerium.

Série II. Calliflore. Agrost. — Fleurs inserrées sur le callus des glumes.

* Glumelle carinée.

Trib. 8. Agrostideæ. Agrost. — *Paillettes alternes, engainantes, carinées ;
paléoles hyalines scarieuses.* — Calamagrostis. Deyeuxia. Agrostis. Apera.
Anthoxanthum. Ammophila. Spartina. Gastridium. Trichodium. Muhlem-
bergia. Cinna.

Trib. 9. PHALARIDEÆ. Agrost. — *Paillettes opposées carinées souvent égales ; paléoles coriaces ou crustacées.* — *a.) Alopecureæ. Paléoles coriaces.* — Crypsis. Coruucopiæ. Lygeum. Alopecurus. Mibora. Polypogon. Lagurus. Echinopogon. Phleum. Chilochloa. Heleochloa. — *b.) Genuinæ. Paléoles crustacées.* — Phalaris. Baldingera.

Trib. 10. ORYZACEÆ. Kunth. *Paléoles crustacées, l'extérieure carinée ; paillettes petites ou nulle.* — Oriza. Leersia. Trochera. Ehrharta. Olyra. Potamophila. Zizania. Hydrochloa.

** Glumelle arrondie.

Trib. 11. STIPACEÆ. Kunth. *Paléoles crustacées, l'extérieure convexe aristée, enveloppant l'intérieure.* — Stipa. Streptachne. Piptatherum. Aristida.

Trib. 12. PANICEÆ. Agrost. *Paléoles crustacées, l'extérieure convexe non aristée, enveloppant à moitié l'intérieure.* — *a.) Miliaceæ. Agrost. Locustes uniflores.* — Paspalum. Axopus. Ceresia. Milium. — *b.) Locustes biflores nues.* — Panicum. Digitaria. Oplismenus. Echinochloa. Orthopogon. Isachne. Monachne. Menilis. Paractæmum. Athenantia. Hymenachne. — *c.) Setarieæ.* Agrost. *Locustes munies de soies.* — Setaria. Urochloa. Penicillaria. Pennisetum. Gymnothrix. — *d.) Tripsaceæ. Locustes dans un involucre nu.* — Tripsacum. Anthephora. Manisuris. Peltophorus. Pariana. — *e.) Cenchreæ.* Prodr. *Tegument externe de la locuste muni d'aiguillons.* — Cenchrus. Tragus.

Trib. 13. OPHIUREÆ. (Leptureæ. Agrost.) *Rachis articulé ; locustes sessiles sur les dents du rachis.* — Ophiurus. Rottboelia. Lepturus. Psilurus. Monerma. Nardus.

Trib. 14. CYNODONEÆ. Agrost. *Rachis continu, locustes sesquiflores.* — Cynodon. Chloris. Rhabdochloa. Gymnopogon. Triathera. Triæna. Actinochloa. Atheropogon.

Trib. 15. ANDROPOGINEÆ Agrost. *Rachis articulé ; fl. dissemblables, l'une sessile ; l'autre stipitée.* — Andropogon. Anatherum. Sorgum. Diectomis. Apluda. Anthristiria. Heteropogon. Ischæmum. Pharus.

Trib. 16. SACCHARINEÆ. Agrost. *Fleurs involucrées de longs poils et conformes, l'une sessile, l'autre stipitée.* — Imperata. Saccharum. Erianthus. Perotis. Eriochrysis.

Trib. 17. MAYDEÆ. Agrost. *Locustes unisexuelles monoiques, dissemblables distantes ; inflorescence femelle involucrée et différente de celle mâle.* — Mays. Coix.

Trib. 18. SPINIFICEÆ. *Locustes dioiques en épis fasciculés.* — Spinifex.

Fam. 279. CYPERIDEÆ. — *Cyperoideæ.* Juss.

Trib. 1. CARICEÆ. Prodr. *Fl. unisexuelles.* — *a.) Genuinæ.* (Cariceæ. Lest.) — Carex. Uncinia. — *b.) Sclerieæ.* Lest. — Scleria. Diplacrum. — *c.) Chrisytriceæ.* Lest. — Chrysitrix. Lepironia. — *d.) Elyneæ.* (Kobresieæ. Lest.) — Elyna. Kobresia.

Trib. 2. Schoeneæ. Prodr. *Fl. hermaphrodites à paillettes bi-tri-sériées.* — Cladium. Schœnus. Rhynchospora. Nomochloa.

Trib. 3. Cyperineæ. *Fleurs hermaphrodites distiques.* — Cyperus. Kyllingia. Papyrus.

Trib. 4. Scirpineæ. *Fleurs hermaphrodites embriquées de toutes parts.* — Eriophorum. Scirpus. Clavula.

Fam. 280. LILÆARIÈÆ.

Lilæa.

CL. 15. SPADICATÆ.

ANALYSE DES FAMILLES.

Ordo. A. *Typhariew.* — Spathe nulle ou incomplète ; pas d'écailles au spadix.

Chaque fleur à 6 étamines et 6 divisions au périgone. . 281 Acorineæ.

Fleurs mâles séparées des femelles ; un périgone aux fleurs femelles. . . . . 282 Typhaceæ.

Fleurs mâles séparées des femelles ; pas de périgone aux fleurs femelles. . . . . 283 Pandaneæ.

B. *Piperariew.* — Spathe nulle ou incomplète ; une fleur à chaque écaille du spadix.

Fleurs monogynes. . . . . 284 Piperiteæ.

Fleurs polygynes. . . . . 285 Sauruæ.

C. *Arariew.* — Spathe complète ; pas d'écailles au spadix.

Spadix applati foliiforme. . . . . 286 Zosteraceæ.

Spadix cylindrique ; ovaire supère. . . . . . . 287 Arideæ.

Spadix cylindrique ; ovaire infère ; spathe de plusieurs feuilles. . . . . 288 Cyclantheæ.

D. *Balanophorew.* — Spathe tubuleuse à la base du stipe ; étamines épigynes ; pas de feuilles.

Fleurs monoiques en épis très denses. . . . . . 289 Balanophoreæ.

E. *Cycadariew.* — Spathe nulle ; plusieurs fleurs à chaque écaille du spadix.

Stigmate mamelonné ; feuilles se déroulant en crosse. . 290 Cycadeæ.

Fam. 281. ACORINEÆ. Fée.

Acorus.

9

Fam. 282. TYPHACEÆ. Juss.

Trib. 1. Typheæ. *Ovaire longuement pédicellé.* — Typha.
Trib. 2. Sparganieæ. *Ovaire sessile.* — Sparganium.

Fam. 283. PANDANEÆ. R. Br.

Pandanus. Phytelephas. Freycinetia.

Fam. 284. PIPERITEÆ. Juss.

Piper. Pepronia. Chloranthus?

Fam. 285. SAURUREÆ. Rich.

Trib. 1. Saurureæ. *Périgone nul.* — Saururus. Aponogetoa.
Trib. 2. Ouviandreæ. *Périgone présent.* — Ouviandra.

Fam. 286. ZOSTERACEÆ.

Zostera. Podisonia.

Fam. 287. ARIDEÆ. — *Aroideæ.* Juss.

Trib. 1. Areæ. R. Br. — Arum. Calla. Richardia. Caladium. Ambrosinia.
Cryptocoryne. Symplocarpus.
Trib. 2. Orontieæ. R. Br. — Orontium. Dracontium. Pothos.

Fam. 288. CYCLANTEÆ. Poit.

Cyclanthus. Carludovica.

Fam 289. BALANOPHOREÆ. Rich.

Balanophora. Cynomorium. Langsdorfia. Helosis.

Fam. 290. CYCADEÆ. Pers.

Cycas. Zamia. Arthrozamia.

SUBORD. 7. CRYPTANTHÆ.
CL. 16. DERMOGYNÆ.

ANALYSE DES FAMILLES.

Ordo. A. *Equisetarieæ.* — Fructification en cone à écailles peltées.

B. *Filicarieæ.* — Capsules uniformes recouvertes d'une membranne avant la maturité.

C. *Pilularieæ.* — Capsules nues, uniformes, contenant deux sortes d'organes.

D. *Lycopodarieæ.* — Capsules de deux formes différentes.

Eam. 291. EQUISETINEÆ. Dec.

Equisetum.

Fam. 292. OPHIOGLOSSINEÆ. Comm. Bot.

Ophioglossum. Helminthostachys. Botrychium.

Fam. 293. FILICES. Comm. Bot.

Trib. 1. Osmundaceæ. R. Br. — Osmunda. Todea. Lygodium. Schizæa. Anemia.

Trib. 2. Marattiaceæ. Bory. — Marattia. Danaea.

Trib. 3. Gleichenieæ. R. Br. — Gleichenia. Platyzoma. Mertensia.

Trib. 4. Polypodieæ. *Capsules entourrées d'un anneau élastique longitudinal; sores inserrées sur les frondes.* — *a.*) *Polypodeæ. Pas d'induse.* — Acrostichum. Platycerium. Polybotrya. Hemionitis. Gymnogramma. Tænitis. Notholæna. Grammitis. Ceterach. Meniscium. Cyclophorus. Polypodium. — *b.*) *Asplenieæ. Sores indusiés.* — Aspidium. Nephrodium. Cystopteris. Allantodia. Athyrium. Cœnopteris. Asplenium. Diplazium. Scolopendrium. Monogramma. Blechnum. Woodwardia. Onoclea. Struthiopteris. Lomaria. Vittaria. Pteris. Cheilanthes. Lonchitis. Adianthum. Lindsæa. Davallia. — *c.*) *Cyatheæ. Involucre hypophylle.* — Woodsia. Cyathea. Alsophila. Hemitalia.

Trib. 5. Trichomaneæ. *Involucre distinct des frondes ; axe sétacé.* — Trichomanes. Hymenophyllum. Fœa.

Fam. 294. PILULARIACEÆ.

Pilularia. Marsilæa.

Fam. 295. SALVINIACEÆ.

Salvinia.

Fam. 296. ISOETINEÆ.

Isoetes.

Fam. 297. LYCOPODINEÆ. Beauv.

Lycopodium. Psilotum.

CL. 17. MITROGYNÆ.

ANALYSE DES FAMILLES.

A. Hypnarieæ. — Péricarpe operculé.

Urne univalve ; vaginule à la base de la soie. . .   298 Musci.
Urne univalve ; vaginule à la base de l'urne. . .   299 Sphagnideæ.
Urne à 4 valves réunies par l'opercule persistant. .   3oo Andræaceæ.

B. Jungermannarieæ. — Péricarpe sans opercule, déhiscent ; sporules mêlées d'élatères.

Urne solitaire quadrivalve ou quadridentée sans axe
   central. . . . . 3o1 Jungermanniaceæ.
Urnes aggrégées dans un réceptacle commun. . .   3o2 Cephalotheceæ.
Urne solitaire bivalve ayant un axe central. . .   .   3o3 Anthocereæ.
Urne solitaire bivalve sans axe central. . .   .   .   3o4 Targioniaceæ.

C. Ricciarieæ. — Péricarpe sans opercule et indéhiscent ; élatères nuls.

Urne évalve sessile. . . . . 3o5 Ricciaceæ.

Fam. 298. MUSCI. Comm. Bot.

Série I. Endopogoni. Comm. Bot. — Barbe naissant de la columelle.

Trib. 1. Dawsoniaceæ. Comm. Bot. — Dawsonia.

Série II. Hymenopogoni. Comm. Bot. — Dents du péristome unies par une membranne horizontale.

Trib. 2. Polytricheæ. Comm. Bot. — Polytrichum. Catharinea.

Série III. Dichopogoni. Comm. Bot. — Dents du péristome les unes internes, les autres externes.

Trib. 3. Hypneæ. (Hypnoideæ. Arn.) — Fontinalis. Hypnum. Hookeria. Daltonia. Anacamptodon. Neckera. Leucodon. Pterogonium. Fabronia.

Trib. 4. Bryeæ. (Bryoideæ. Arn.) — Timmia. Cinclidium. Bryum. Funaria. Bartramia. Conostomum.

Trib. 5. Buxbaumieæ. (Buxbaumoideæ. Arn.) — Buxbaumia. Diphyscium.

Trib. 6. Orthotricheæ. (Orthotrichoideæ. Arn.) — Orthotrichum. Zygodon. Calymperes. Aplotrichum.

Série IV. Aplopogoni. Comm. Bot. — Péristome à une seule rangée de dents.

Trib. 7. Dicraneæ. Comm. Bot. — Dicranum. Didymodon. Tortula. Weissia. Trematodon.

Trib. 8. Grimmieæ. (Grimmoïdeæ. Arn.) — Grimmia. Trichostomum. Cinclidotus. Eucalypta.

Trib. 9. Splachneæ. (Splachnoideæ. Arn.) — Splachnum. Dissodon. Tayloria.

Trib. 10. Tetraphideæ. *Opercule se divisant en dents.* — Tetraphis.

Série V. Apogoni. Comm. Bot. — Péristome nu.

Trib. 11. Gymnostomeæ. Comm. Bot. — Gymnostomum. Extinctorium. Schistotega. Anictangium. Hedwigia.

Série VI. Astomati. Comm. Bot. — Péristome nul.

Trib. 12. Phasceæ. Comm. Bot. — Phascum. Bruchia. Voitia.

Fam. 299. SPHAGNIDEÆ. Comm. Bot.

Sphagnum.

Fam. 300. ANDRÆACEÆ. — *Schistheceæ.* Comm. Bot.

Andræa.

Fam. 301. JUNGERMANNIACEÆ. Comm. Bot.

Trib. 1. Lejeuniaceæ. *Capsule quadridentée.* — Codonia. Madotheca. Lejeunia.

Trib. 2. Jungermannieæ. *Capsule quadrivalve.* — Phragmicoma. Jubula. Radula. Mesophylla. Jungermannia. Tricholea. Saccogyna. Cincinnulus. Schisma. Mursupella. Mniopsis.

Trib. 3. Blasieæ. *Pericheze monophylle.* — Dilæna. Echinogyna. (Fasciola. Dmrt. non zool.) Aneura. Scopulina. Blasia.

Fam. 302. CEPHALOTHECEÆ. S. Marchantiaceæ. C. B.

Marchantia. Conocephalus. Fimbraria. Dumortiera. Lunularia. Grimaldia.

Fam. 303. ANTHOCEREÆ.

Anthoceros. Blandovia.

Fam. 3o4. TARGIONIACEÆ. — *Fissulineæ*. Comm. Bot.
Targionia. Monoclea.

Fam. 3o5. RICCIACEÆ. — *Phialicarpeæ*. Comm. Bot.
Riccia. Tessellina.

———

Div. 3. AXYLÆ.

Subord. 8. DERMOSPORÆ.

Cl. 18. PELTOSPORÆ.

Fam. 306. ENDOCARPEÆ: — *Globigeræ*. Comm. Bot.

Trib. 1. Genuinæ. — Endocarpon.
Trib. 2. Verrucarieæ. Fée. — Thelotrema. Verrucaria. Porina. Pyrenula. Tripethelium. Chiodecton.

Fam. 307. LICHENES. Comm. Bot.

Trib. 1. Cenomyceæ. Fée. — Cladonia. Scyphophorus.
Trib. 2. Sphærophoreæ. Fée. — Isidium. Sphærophorum.
Trib. 3. Usneaceæ. Fée. — Usnea.
Trib. 4. Cornicularieæ. Fée. — Cornicularia. Coenogonium.
Trib. 5. Ramalineæ. Fée. — Cetraria. Roccella. Borrera. Evernia. Ramalina.
Trib. 6. Peltigereæ, Fée. — Solorina. Peltidea.
Trib. 7. Umbilicarieæ. Fée. — Gyrophora. Umbilicaria.
Trib. 8. Collemateæ. Fée. — Collema.
Trib. 9. Parmeliaceæ. Fée. — Parmelia. Sticta.
Trib. 10. Squamarieæ. Fée. — Psora. Squamaria. Placodium.
Trib. 11. Lecanoreæ. Fée. — Urceolaria. Lecidea. Lecanora.
Trib. 12. Variolarieæ. Fée. — Variolaria.
Trib. 13. Coniocarpeæ. Fée. — Coniocarpon.

Fam. 308. GRAPHIDEÆ. Comm. Bot.

Arthronia. Opegrapha, Graphis.

Fam. 309. BÆOMYCEÆ.

Bæomyees. Calycium.

CL. 19. MYCOSPORÆ.

ANALYSE DES FAMILLES.

† HYMENOSPORÆ. — SPORULES SUR UNE MEMBRANE EXTERNE.

ORDO. A. *Fungarieæ*. — Hymenium distinct.

Sporules à la face inférieure du champignon. . . .   310 AGARICINEÆ.
Sporules répandues sur toute la surface du champignon.   311 CLAVARIACEÆ.
Sporules à la surface supérieure ; réceptacle cupuli-
forme. . . . .   312 PEZIZACEÆ.
Sporules à la surface supérieure ; réceptacle piléi-
forme. . . . .   313 HELVELLACEÆ.

B. *Clathrarieæ*. — Hymenium se dissolvant en une matière visqueuse et
sporifère.

Champignon sortant d'une volva. . . . .   314 CLATHRIDEÆ.

C. *Tremellarieæ*. — Hymenium confondu avec le tissu sous-jacent.

Champignons gelatineux à hymenium nu. . . . .   315 TREMELLACEÆ.

†† SARCOSPORÆ. — SPORULES SE DÉVELOPPANT DANS LA CHAIR DU
CHAMPIGNON.

D. *Nidularieæ*. — Péridium déhiscent ; noyau spermaphore se séparant du
péridium.

Plusieurs noyaux nidulans au fond du péridium. . .   316 NIDULARIACEÆ.
Noyau solitaire s'échappant avec élasticité. . . .   317 CARPOBOLEÆ.

E. *Tuberarieæ*. — Péridium indéhiscent ; sporules éparses sortant par sa
surface.

Sporules dans des veines reticulées et internes. . .   318 TUBERACEÆ.
Sporules dans la masse du péridium. . . . . . .   319 SCLEROTIDEÆ.

F. *Lycoperdarieæ*. — Péridium déhiscent ou ruptile ; sporules éparses dans
l'intérieur du péridium.

Péridium défini d'abord charnu. . . . .   320 LYCOPERDINEÆ.
Péridium défini d'abord pulpeux. . . . .   321 TRICHIACEÆ.
Péridium sans forme arrêtée ou presque nul. . . .   322 SPUMARIACEÆ.

G. *Sphœriarieæ.* — Sporules réunies dans la loge centrale du péridium ou du strome.

Péridium distinct s'ouvrant par un pore ou indéhiscent. 323 Sphæriaceæ.
Péridium distinct s'ouvrant par une fente. . . . . 324 Hysterineæ.
Pas de péridium distinct ; loges enfoncées dans le
strome. . . . . 325 Xylomateæ.

H. *Tubercularieæ.* — Sporules formant la masse totale du champignon et se dissolvant avec lui.

Champignons épiphytes. . . . . 326 Uredineæ.
Champignons libres. . . . . 327 Tuberculariaceæ.

††† hyphosporæ. — sporules naissant d'un tallus filamenteux.

I. *Mucorarieæ.* — Sporules dans une vésicule fragile.

Vésicules contenant beaucoup de sporules simples. . 328 Mucorineæ.

K. *Mucedinarieæ.* — Sporules externes , nues.

Sporules simples. . . . . 329 Cephalosporeæ.
Sporules composées. . . . . 330 Mucedineæ.

L. *Byssarieæ.* — Sporules internes contenues dans les filaments.

Filaments moniliformes. . . . . 331 Moniliaceæ.
Filaments uniformes. . . . . 332 Byssineæ.

Fam. 310. AGARICINEÆ. — *Hymenaceæ.* Comm. Bot.

Trib. 1. Agariceæ. *Hyménium lamelleux.* — Agaricus. Schyzophyllum.
Trib. 2. Merulieæ. *Hyménium plissé.* —Dædalea. Merulius. Steerbeckia.
Trib. 3. Boleteæ. *Hyménium poreux.* — Polyporus. Boletus. Cladoporus. Fistulina.
Trib. 4. Hydneæ. *Hyménium hérissé d'aiguillons.* — Hydnum. Sistotrema.
Trib. 5. Telephoreæ. *Hyménium couvert de papilles.* — Thelephora. Coniophora. Phlebia.

Fam. 311. CLAVARIACEÆ. Comm. Bot.

Pistillaria. Clavaria. Typhula. Geoglossum. Mitrula. Spatularia.

Fam. 312. PEZIZACEÆ. — *Acetabuleæ.* Comm. Bot.

Trib. 1. Stictideæ. *Réceptacle oblitéré.* — Stictis. Solenia.
Trib. 2. Pezizeæ. *Réceptacle cupulé.* — Peziza. Ascobolus. Bulgaria. Ditiola. Tympanis. Cenangium. Patellaria. Helotium.

Fam. 313. HELVELLACEÆ. — *Mitraceæ*. Comm. Bot.

Morchella. Helvella. Verpa. Vibrissea. Rhizina. Leotia.

Fam. 314. CLATHRIDEÆ. — *Laticeæ*. Comm. Bot.

Clathrus. Phallus. Junia. Battarea ?

Fam. 315. TREMELLACEÆ. — *Tremellineæ*. Comm. Bot.

Tremella. Exidia. Dacrymyces. Cyphella. Agyrium. Merisma.

Fam. 316. NIDULARIACEÆ. — Comm. Bot.

Cyathus. Nidularia. Polyaugium.

Fam. 317. CARPOBOLEÆ. Comm. Bot.

Sphærobolus. Pilobolus. Atractobolus. Thelebolus.

Fam. 318. TUBERACEÆ. Comm. Bot.

Tuber. Rhizopogon. Polygaster. Endogone.

Fam. 319. SCLEROTIDEÆ. Comm. Bot.

Rhizoctonia. Mylitta. Anixia. Acrospermum. Sclerotium. Periola. Acinula. Erysiphe. Lasiobotrys. Perisporium. Apiosporium. Chætomium. Coniosporium. Onygena.

Fam. 320. LYCOPERDINEÆ. Ad. Brongn.

Trib. 1. Sclerodermeæ. *Péridium d'abord dur*. — Scleroderma. Polysaccum. Elaphromyces.

Trib. 2. Lycoperdeæ. *Péridium d'abord charnu*. — Lycoperdon. Bovista. Actinodermium. Geastrum. Tulostoma.

Fam. 321. TRICHIACEÆ. Br. — *Trichosporæ*. Comm. Bot.

Licea. Perichæna. Trichia. Arcyria. Cribaria. Dictydium. Stemonitis. Diachea. Craterium. Leangium. Physarum. Didymium. Diderma. Lycogala.

322. SPUMARIACEÆ. Comm. Bot.

Spumaria. Æthalium. Reticularia. Myriotheca. Trichoderma. Amphisporium. Dichosporium.

Fam. 323. SPHÆRIACEÆ. Comm. Bot.

Trib. 1. Stigmaspheræ. *Spherioles perforées d'un trou*. — Corynesphæra. Mitrosphæra. Xylosphæra. Discosphæra. Porosphæra. Ephedrosphæra. Gamosphæra. Thallosphæra. Stigmasphæra.

Trib. 2. Dryinospheræ. *Sphérioles terminées par un tuyau.* — Trichospæra. Phialisphæra. Siphosphæra. Dryinosphæra.

Trib. 3. Platysphæræ. *Sphérioles à orifice sessile et large.* — Platysphæra.

Trib. 4. Astomosphæræ. *Sphérioles indéhiscentes.* — Cladosphæra. Cyathosphæra. Phyllosphæra. Molgosphæra.

Fam. 324. HYSTERINEÆ.

Hysterium. Phacidium.

Fam. 325. XYLOMATEÆ.

Xyloma. Dothidea. Rhytisma. Leptostroma. Phoma.

Fam. 326. UREDINEÆ. Brongn. — *Intestinæ.* Comm. Bot.

Gymnosporangium. Podisoma. Sporidesmium. Puccinia. Bullaria. Æcidium. Uredo. Dicæoma.

Fam. 327. TUBERCULARIACEÆ.

Tubercularia. Volutella. Fusarium. Coryneum. Dicoccum. Schizoderma. Nemaspora. Fusidium. Stilbospora. Melanconium. Conoplea. Torula.

Fam. 328. MUCORINEÆ. Comm. Bot.

Eurotium. Ascophora. Thamnidium. Mucor. Hydrophora. Syzygites. Didymocrater. Stilbum.

Fam. 329. CEPHALOSPOREÆ. Comm. Bot.

Isaria. Cephalotrichum. Hypochnus. Epichrysium.

Fam. 330. MUCEDINEÆ. Comm. Bot.

Trib. 1. Gonocladeæ. Comm. Bot. — Pennicillium. Spicularia. Polyactis. Aspergillus. Botrytis. Verticillium. Acremonium. Sporotrichum. Fusisporium. Hapalaria. Byssocladium. Actinocladium.

Trib. 2. Gonosporeæ. Comm. Bot. — Trichothecium. Dactylium. Acrothamnium. Cladosporium.

Trib. 3. Trichocladeæ. Comm. Bot. — Chloridium. Circinotrichum.

Fam. 331. MONILIACEÆ. Comm. Bot.

Monilia. Torula. Hormiscium. Alternaria.

Fam. 332. BYSSINEÆ. Comm. Bot.

Byssus. Ozonium. Racodium. Rhizomorpha. Hypha. Protonema.

SUBORD. 9. GLIOSPORÆ.

CL. 20. COCCOSPORÆ.

ANALYSE DES FAMILLES.

A. *Chararieœ.* — Réceptacles libres, couronnés, de deux sortes.

Tiges verticillées à chaque articulation. . . . . . . 333 Characeæ.

B. *Sphærococcarieœ.* — Réceptacles libres, nus, de deux sortes.

Fronde articulée. . . . . 334 Ceramideæ.
Fronde continue. . . . . 335 Sphærococceæ.

C. *Fucarieœ.* — Réceptacles plongés dans la fronde et uniformes.

Réceptacles aggregés au sommet de la fronde. . . . 336 Fucineæ.
Réceptacles distribués dans la fronde. . . . . . 337 Dyctioteæ.

Fam. 333. CHARACEÆ. Rich.

Chara. Nitella.

Fam. 334. CERAMIDEÆ. Comm. Bot.

Ceramium. Cladostephus. Rytiphlæa. Sphacelaria. Ectocarpus. Pemphidia. Bulbochæte. Grammalia. (Hutchinsia Ag. non Dec.) Calothrix.

Fam. 335. SPHÆROCOCCEÆ. Comm. Bot.

Sphærococcus. Plocamium. Gigartina. Plocaria. Halymenia. Delesseria. Chondrus. Lomentaria. Volubilaria. Gelidium. Sporochnus.

Fam. 336. FUCINEÆ. — *Fucaceœ.* Comm. Bot.

Fucus. Halidrys. Osmundaria. Sarganum. Furcellaria. Cystoseira.

Fam. 337. DICTYOTACEÆ. Lam.

Dictyota. Zonaria. Asperococcus. Dictyopteris. Flabellaria. Hymanthalia.

CL. 21. THALLOSPORÆ.

Fam. 338. LAMINARIACEÆ. — *Laminarieæ.* Comm. Bot.

Laminaria. Desmaretia. Agarum.

Fam. 339. ULVACEÆ. Lamx.

Ulva. Dumontia. Scytosiphon. Bryopsis. Ilæa. Caulerpa. Baugia. Schizonema.

Fam. 340. VAUCHERIACEÆ. Comm. Bot.

Vaucheria. Ectosperma.

Fam. 341. HYDRODICTYNEÆ. Comm. Bot.

Hydrodictyon.

Fam. 342. CONJUGATÆ. Comm. Bot.

Zygnema. Spirogera. Globulina.

Fam. 343. CONFERVACEÆ. Comm. Bot.

Conferva. Lemanea.

Fam. 344. BATRACHOSPERMEÆ. — *Glojothamneæ*. Comm. Bot.

Batrachospermum. Draparnaldia. Thorea.

Fam. 345. NOSTOCINEÆ. — *Glojotricheæ*. Comm. Bot.

Chætophora. Nostoc. Myriodactylon. Mesogloia. Rivularia. Palmella.

Fam. 346. OSCILLARIEÆ. Bory.

Oscillaria. Lyngbya. Anabaina. Microcoleus. Scytonema.

Fam. 347. DIATOMACEÆ. — *Diatomeæ*. Comm. Bot.

Trib. 1. DIATOMEÆ. *Frondes filamenteuses.* — Fragilaria. Diatoma. Desmi-
dium. Meloseira. Mycoderma.
Trib. 2. FRUSTULIACEÆ. *Frondes dilatées.* — Frustulia. Echinella.

FIN.

ADDITIONS ET CORRECTIONS.

Fam. 1. Coniferæ. — après Picea, ajoutez : Abies.
39. Chenopodiaceæ. — au lieu de Diotis. Schreb, lisez : Ceratospermum.
46. Thymelineæ. — ajoutez : Dirca.
50. Sanguisorbeæ. — après Sanguisorba, ajoutez : Ancistrum. Acæna.
55. Labiatæ. — après Sideritis, ajoutez : Lavandula.
67. Rhinanthideæ. — après Chelone, ajoutez : Pentestemon.
72. Boragineæ. — au lieu de Batschia, lisez : Nonea.
80. Polemonideæ. — après Collomia, ajoutez : Cantua.
86. Jasmineæ. — après Linociera, ajoutez : Phillyrea.
87. Strychnideæ. — supprimez : Fagræa.
90. Sapotaceæ. — supprimez : Inocarpus.
100. Ericaceæ. — au lieu de Bosæa, lisez : Brossæa.
113. Compositæ. — après Geropogon, ajoutez : Hypochæris.
 »   — après Senecio, ajoutez : Cineraria.
 »   — après Artemisia, ajoutez : Iva.
 »   — après Galinsoga, ajoutez : Galardia.
 »   — après Othonna, ajoutez : Madia.
127. Umbellatæ. — après Ferula, ajoutez : Pastinaca.
133. Crassulaceæ. — avant Sedum, ajoutez : Penthorum.
143. Haloragideæ. — au lieu de Spicularia, lisez : Serpicula.
147. Rosaceæ. — après Geum, ajoutez : Dryas.
149. Leguminosæ. — après Tephrosia, ajoutez : Glycirrhiza.
 »   — après Lotus, ajoutez : Dorycnium.
160. Mesembryneæ. — ajoutez : Trib. 2. Glineæ. — Glinus.
178. Malvaceæ. — après Malvaviscus, ajoutez : Achania.
189. La famille des Pyrolacées, comprenant des plantes libres et parasites,
 sera mieux divisée en deux familles, ainsi que je l'avais proposé
 dans mon *Prodromus*, savoir :

Fam. 189. MONOTROPEÆ. Prodr.

Monotropa.

Fam. 189 *bis*. PYROLACEÆ. Prodr.

Pyrola. Chimophila.

Fam. 191. OLACINEÆ. — au lieu de Heritcrieæ et Heriteria, lisez : Hestericæ et Hesteria.

Après 195, ajoutez :

Fam. 195 *bis*. PTELEACEÆ.

Style nul ; étam. libres ; fruit sec oligosperme.

Ptelea.

A la suite des Moringacées, ajoutez :

Fam. 201 *bis*. EMPETRINEÆ. Prodr.

Étam. libres ; fruit 6-12-loculaire.

Empetrum.

Fam. 202. STELLARIACEÆ. — après Buda, ajoutez : Loeflingia ; supprimez : Pollichia.

    220. CRUCIFERÆ. — après Clypeola, ajoutez : Petrocalis.

    237. ERIOCAULEÆ. — ajoutez : Aphyllanthes.

    241. PALMÆ. — après Arenga, ajoutez : Cocos.

    250. NARCISSINEÆ. — supprimez : Strumaria.

    252. AGAVINEÆ. — au lieu de Heriteria, lisez : Camderia.

    258. LILIACEÆ. — après Veltheimia, ajoutez : Sanseveria.

    275. RESTIONEÆ. — au lieu de Leptanthus, lisez : Leptocarpus.

    284. PIPERITEÆ. — ajoutez : Chloranthus.

    298. MUSCI. — après Hypnum, ajoutez : Leskea.

    305. RICCIACEÆ. — ajoutez : Sphærocarpus.

TABLE ALPHABÉTIQUE

11

13

FIN DE LA TABLE.